郑州大学厚山人文社科文库
ZHENGZHOU UNIVERSITY HOUSHAN
HUMANITIES&SOCIAL SCIENCES LIBRARY

国家社会科学基金项目"以贫困户生存空间拓展为指向的嵌入式旅游精准扶贫研究"（16CJY047）
河南省社会科学基金项目"文旅融合创新引领下大别山革命老区高质量发展路径及对策研究"（2020BJJ057）

旅游干扰下的社区生态储存响应机理及平衡机制研究

饶品样　耿亚新　◎　著

中国财经出版传媒集团

经济科学出版社
Economic Science Press

图书在版编目（CIP）数据

旅游干扰下的社区生态储存响应机理及平衡机制研究／
饶品样，耿亚新著．－－北京：经济科学出版社，
2021.12
（郑州大学厚山人文社科文库）
ISBN 978－7－5218－2723－1

Ⅰ.①旅…　Ⅱ.①饶…②耿…　Ⅲ.①旅游业发展－
影响－社区－生态系－生态平衡－研究　Ⅳ.①X321

中国版本图书馆 CIP 数据核字（2021）第 145059 号

责任编辑：王柳松
责任校对：刘　昕
责任印制：王世伟

旅游干扰下的社区生态储存响应机理及平衡机制研究

LÜYOUGANRAO XIA DE SHEQU SHENGTAICHUCUN
XIANGYINGJILI JI PINGHENGJIZHI YANJIU

饶品样　耿亚新　著
经济科学出版社出版、发行　新华书店经销
社址：北京市海淀区阜成路甲 28 号　邮编：100142
总编部电话：010-88191217　发行部电话：010-88191522
网址：www. esp. com. cn
电子邮箱：esp@ esp. com. cn
天猫网店：经济科学出版社旗舰店
网址：http://jjkxcbs. tmall. com
北京季蜂印刷有限公司印装
710×1000　16 开　14 印张　220 000 字
2021 年 12 月第 1 版　2021 年 12 月第 1 次印刷
ISBN 978－7－5218－2723－1　定价：62.00 元
（图书出现印装问题，本社负责调换。电话：010－88191545）
（版权所有　侵权必究　打击盗版　举报热线：010－88191661
QQ：2242791300　营销中心电话：010－88191537
电子邮箱：dbts@ esp. com. cn）

总　序

　　哲学社会科学是人们认识世界、改造世界的重要工具，是推动历史发展和社会进步的重要力量。习近平总书记在哲学社会科学工作座谈会上深刻指出，"一个没有发达的自然科学的国家不可能走在世界前列，一个没有繁荣的哲学社会科学的国家也不可能走在世界前列"。郑州大学哲学社会科学研究工作面临重大机遇。

　　一是构建中国特色哲学社会科学的机遇。历史表明，社会大变革的时代，一定是哲学社会科学大发展的时代。党的十八大以来，以习近平同志为核心的党中央高度重视哲学社会科学。习近平总书记在全国哲学社会科学工作座谈会上的重要讲话为推动哲学社会科学研究工作提供了根本依据，《关于加快构建中国特色哲学社会科学的意见》为繁荣哲学社会科学研究工作指明了方向。进入新时代，我国将加快向创新型国家前列迈进。站在新的历史起点上，更好地进行具有新的历史特点的伟大斗争、推进中国特色社会主义伟大事业，需要充分发挥哲学社会科学的作用，需要哲学社会科学工作者立时代潮头、发思想先声，积极为党和人民述学立论、建言献策。

　　二是新时代推进中原更加出彩的机遇。推进中原更加出彩，需要围绕深入实施粮食生产核心区、中原经济区、郑州航空港经济综合实验区、郑洛新国家自主创新示范区、中国（河南）自贸区、中国（郑州）跨境电子商务综合试验区、黄河流域生态保护和高质量发展等相关政策，为加快中原城市群建设，高水平推进郑州国家中心城市建设出谋划策，为融入"一带一路"国际合作和推进乡村振兴，推动河南省深化改革开放、创新发展，提供智力支持，需要注重成果转化和智库建设，使智库真正成为党委、政府工作的"思想库"和"智囊团"。因此，站在中原现实发展的土壤之上，我校哲学社会科学研究必须立足河南实际、面向全国、放眼世界，弘扬中原的优秀传统文化，建设具有中原特色的学科体系、学术体系，构建具有中原特色的话语体系，为经济社会发展提供理论支撑。

三是加快世界一流大学建设的机遇。我校完成了综合性大学布局，确立了综合性研究型世界一流大学的办学定位，明确了建设一流大学的发展目标，世界一流大学建设取得阶段性、标志性成果，正处于转型发展的关键时期。建设研究型大学，哲学社会科学研究承担着重要使命，发挥着关键作用。因此，需要进一步提升哲学社会科学研究解决国家和区域重大战略需求、科学前沿问题的能力；需要进一步提升哲学社会科学原创性、标志性成果的产出水平；需要进一步提升社会服务能力，在创新驱动发展中提高哲学社会科学研究的介入度和贡献率。

把握新机遇，必须提高我校的哲学社会科学研究水平，树立正确的政治方向、价值取向和学术导向，坚定不移实施以育人育才为中心的哲学社会科学研究发展战略，为形成具有中国特色、中国风格、中国气派的哲学社会科学学科体系、学术体系、话语体系作出贡献。

过去五年，郑州大学科研项目数量和经费总量稳步增长，走在全国高校前列。高水平研究成果数量持续攀升，多部作品入选《国家哲学社会科学成果文库》。社会科学研究成果奖不断取得突破，获得教育部第八届高等学校科学研究优秀成果奖（人文社会科学类）

一等奖 1 项，二等奖 2 项，三等奖 1 项。科研机构和智库建设不断加强，布局建设 14 个部委级科研基地。科研管理制度体系逐步形成，科研管理的制度化、规范化、科学化进一步加强。哲学社会科学团队建设不断加强，涌现了一批优秀的哲学社会科学创新群体。

从时间和空间上看，哲学社会科学面临的形势更加复杂严峻。我国已经进入中国特色社会主义新时代，开始迈向全面建设社会主义现代化国家新征程，逐步跨入高质量发展新阶段；从技术变革上看，信息化进入新一轮革命期，云计算、大数据、移动通信、物联网、人工智能日新月异。放眼国际，世界进入全球治理的大变革时期，面临百年未有之大变局。

从哲学社会科学研究看，重视程度、发展速度等面临的任务依然十分艰巨。改革开放 40 多年来，我国已经积累了丰厚的创新基础，在许多领域实现了从"追赶者"向"同行者""领跑者"的转变。然而，我国哲学社会科学创新能力不足的问题并没有从根本上改变，为世界和人类贡献的哲学社会科学理论、思想还很有限，制度性话语权还很有限，中国声音的传播力、影响力还很有限。国家、区域重大发展战略和经济社会发展对哲学社会科学研究提出了更加迫切的需求，人民对美好生活的向往寄予哲学社会科学研究以更高期待。

各个高校都高度重视高水平基金项目立项、高级别成果奖励、国家级研究机构建设，然而，高水平基金项目立项竞争越来越激烈、高级别成果获奖单位更加分散，国家级研究机构评估要求更高，竞争越来越激烈。在这样的背景下，如何深化我校哲学社会科学研究体制机制改革，培育发展新活力；如何汇聚众智众力，扩大社科研究资源供给，提高社科成果质量；如何推进社科研究开放和合作，打造成为全国高校的创新高地，是我们面临的重大课题。

为深入贯彻习近平新时代中国特色社会主义思想和习近平总书

记关于哲学社会科学工作重要论述以及《中共中央关于加快构建中国特色哲学社会科学的意见》等文件精神，充分发挥哲学社会科学"思想库""智囊团"作用，更好地服务国家和地方经济社会发展，推动我校哲学社会科学研究的繁荣与发展，郑州大学于2020年度首次设立人文社会科学标志性学术著作出版资助专项资金，资助出版一批高水平学术著作，即"厚山文库"系列图书。

厚山是郑州大学著名的文化地标，秉承"笃信仁厚、慎思勤勉"的校风，取"厚德载物""厚积薄发"之意。"郑州大学厚山人文社科文库"旨在打造郑州大学学术品牌，集中资助国家社科基金项目、教育部人文社会科学研究项目等高层次项目以专著形式结项的优秀成果，充分发挥哲学社会科学优秀成果的示范引领作用，推进学科体系、学术体系、话语体系创新，鼓励学校广大哲学社会科学专家学者以优良学风打造更多精品力作，加强竞争力和影响力，促进学校哲学社会科学高质量发展，为我国和河南省经济社会发展贡献郑州大学的智慧和力量，助推学校一流大学建设。

2020年，郑州大学正式启动"厚山文库"出版资助计划，经学院推荐、社会科学处初审、专家评审等环节，对最终入选的高水平研究成果进行资助出版。

郑州大学党委书记宋争辉教授，河南省政协副主席、郑州大学校长刘炯天院士，郑州大学副校长屈凌波教授等对"厚山文库"建设十分关心，进行了具体指导。学科与重点建设处、高层次人才工作办公室、研究生院、发展规划处、学术委员会办公室、人事处、财务处等单位给予了大力支持。国内多家知名出版机构提出了许多建设性的意见和建议。在此一并表示衷心感谢。

我校哲学社会科学研究工作处于一流建设的机遇期、制度转型的突破期、追求卓越的攻坚期和风险挑战的凸显期。面向未来，形势逼人，使命催人，需要我们把握科研规律，逆势而上，固根本、扬优势、补短板、强弱项，努力开创学校哲学社会科学研究新局面。

周　倩

2021 年 5 月 17 日

前　言

党的十九大首次提出实施乡村振兴战略①，且促进乡村振兴发展的《中共中央 国务院关于实施乡村振兴战略的意见》②和《乡村振兴战略规划（2018～2022年）》③的重要举措陆续出台，同时，文化和旅游部等17部门联合印发《关于促进乡村旅游可持续发展的指导意见》④，有效推动乡村旅游提质增效，促进乡村旅游可持续发展，加快形成农业、农村发展新动能，为新时代发展乡村旅游赋予了新的使命和机遇，提供了重要的思想指引和行动指南。上述系列文件推动了乡村旅游的快速发展，促进乡村振兴的"五大目标"：产业兴旺有新方式，生态宜居有新面貌，乡风文明有新风尚，治理有效有新机制，生活富裕有新层次。表现出国家层面对处理乡村经济发展、生态环境、产业提升、生态文明等问题的高度重视，强调生态、经济、社会关系的和谐共处。

旅游是实施乡村振兴战略的重要力量，"十三五"时期，旅游得到蓬勃发展，在提升乡村社区面貌、推动乡村产业发展、促进农民增收致富、扩大社会就业等方面发挥了重要作用，已经成为推动乡村振兴、实现共同富裕的重要引

---

① 习近平. 决胜全面建成小康社会 夺取新时代中国特色社会主义伟大胜利——在中国共产党第十九次全国代表大会上的报告［EB/OL］.（2017－10－27）［2017－10－27］. 新华网. www.xinhuanet.com/politics/19cpcnc/2017－10/27/c_1121867529.html.

② 中共中央 国务院关于实施乡村振兴战略的意见［EB/OL］.（2018－02－04）［2018－02－04］. 中国政府网. www.gov.cn/zhengce/2018－02/04/content_5263807.html.

③ 中共中央 国务院《乡村振兴战略规划（2018—2022年）》［EB/OL］.（2018－09－27）［2018－09－26］. 中国政府网. www.gov.cn/zhengce/2018－09/26/content_5325534.html.

④ 文化和旅游部等17部门联合印发《关于促进乡村旅游可持续发展的指导意见》［EB/OL］.（2018－12－31）［2018－12－31］. 中国政府网. www.gov.cn/zhengceku/2918－12/31/content_5439318.htm.

擎，成为满足人们对美好生活向往的重要内容。在充分肯定旅游取得丰硕成果的同时，我们也要清醒地认识到旅游开发还存在重"形"轻"魂"、重"量"轻"质"、重"商"轻"农"等问题，如旅游开发的品质和文化内涵不足；对生态环境保护和乡村风貌维护的重视不够；与村民、村集体有关的利益链接机制建设不完善；旅游对促进乡村经济发展的作用还不充分等。这些问题都将干扰乡村幸福美丽家园建设的战略目标，因此，迫切需要辩证地识别旅游对社区建设的双重干扰效应。如何控制并避免旅游干扰的负向效应，如何利用并促进旅游干扰的正向效应，通过旅游实现乡村社区建设的"生态大花园、产业示范园、美丽新家园"目标，协同社区建设过程中经济要素、社会要素及生态要素间的关系，以旅游活动为手段推动乡村社区复合生态系统耦合协同，对乡村社区可持续健康发展具有重要的意义。

本书是国家社会科学基金一般项目（项目编号：14BJY145）的综合研究成果。课题组对河南省的栾川县展开深入调研，并参考和借鉴国内外大量相关文献，基于旅游干扰下乡村社区复合生态系统的内部要素解构及外部干扰因素的辩证性判定，以人地关系系统为指向，立足于系统弹性理论、系统脆弱性理论、人地关系理论，提出了乡村社区生态对旅游干扰的响应机理与平衡机制。其主要特点在于，有别于既有文献大多从生态景观格局的变化对旅游干扰的研究，立足于社区复合生态系统及微观主体对旅游干扰的感知响应构建研究框架，力求把乡村社区生态服务价值可持续提升与旅游协同发展相融合，提出旅游干扰下社区生态储存的平衡机制及适应性治理对策。本书的研究成果为社区旅游开发提供了一个有效的、经济的、生态的方向；为案例地及相同类型的旅游干扰下乡村社区的生态储存平衡演化提供科学的理论支撑，为乡村社区生态储存可持续平衡演化提供实践参考，可以有效地促进乡村社区生态服务价值提升、居民福祉提高及社区生态系统稳定、繁荣发展。

本书的出版，得到了郑州大学高水平学术专著项目支持，在此表示衷心感谢！由于作者水平有限，书中难免存在些许不足，敬请批评指正。

饶品样　耿亚新
于郑州大学旅游管理学院
2021 年 6 月

目　录

第1章　绪论

1.1　研究背景与研究意义

1.1.1　研究背景

1.1.1.1　旅游是推动乡村振兴的重要方式

乡村振兴战略成为助推中国乡村发展的一项国家战略，产业兴旺与生活富裕是实施乡村振兴的重要目标。[①] 当前，中国农村发展主要存在三个方面的不均衡：一是城乡发展的相对不均衡。2020 年城镇社区居民人均可支配收入和农村社区居民人均可支配收入分别为 43 834 元和 17 131 元，城镇社区居民人均消费支出和农村社区居民人均消费支出分别为 27 007 元和 13 713 元，[②] 无论是从城乡居民人均可支配收入还是从城乡居民人均消费支出来看，城乡之间仍有较大差距。二是区域发展的相对不均衡。东部沿海地区经济相对发达，其农村社区居民经济水平与中西部地区相比较高。例如，2019 年，浙江省农村社区居民人均可支配收入为 29 876 元，[③] 而邻近浙江省的中部省份安徽省 2019 年农村

① "十四五"时期全面实施乡村振兴战略的重点与保障 [EB/OL]. (2021 - 02 - 25) [2021 - 02 - 25]. 光明网. https://m. gmw. cn/baijia/2021 - 02/25/34641960. html.

② 2020 年社区居民收入和消费支出情况 [EB/OL]. (2020 - 01 - 18) [2021 - 02 - 17]. 国家统计局. http://www. stats. gov. cn/tjsj/zxfb/202101/t20210118_1812425. html.

③ 2019 年浙江农村社区居民人均可支配收入接近 3 万元 [EB/OL]. (2020 - 01 - 19) [2021 - 02 - 17]. 新华网. http://www. xinhuannet. con/photo/2020 - 01/19/c_1125481094. html.

社区居民人均可支配收入为 15 416 元,① 可见，区域之间的发展存在不均衡问题。三是产业发展的不均衡。当前，农村在产业兴旺方面面临产业结构单一问题及收入单一问题，不利于农民的长远利益和农村的长远发展。

乡村旅游是发展速度最快、潜力最大、辐射带动性最强、受益面最广的旅游方式，成为促进中国农村发展、农业转型、农民致富的重要渠道和驱动中国乡村振兴的最优路径，在乡村振兴中大有作为。旅游是中国农民的第三次创业，也是农业到服务业的跨越之路和农业产业化的新引擎。近年来，乡村休闲旅游快速壮大，2019 年，乡村休闲旅游接待游客约 32 亿人次，营业收入达 8 500 亿元，直接吸纳就业人数 1 200 万人，带动受益农户 800 多万户。② 数据显示，2012～2018 年，中国休闲农业人数与乡村旅游人数不断增加，从 2012 年的 7.2 亿人次增至 2017 年的 28 亿人次，年均复合增长率高达 31.2%，增长十分迅速。根据文旅部发布的《全国乡村旅游发展监测报告（2019 年上半年）》显示，2019 年上半年全国乡村旅游总人次达 15.1 亿次，同比增加 10.2%；总收入 0.86 万亿元，同比增加 11.7%。截至 2019 年 6 月底，全国乡村旅游就业总人数 886 万人，同比增加 7.6%。

1.1.1.2　人地关系系统——旅游地社区问题产生的主要载体

人地关系理论是地理学研究的核心问题，反映了人与自然之间的相互关系与影响，是近代地理学研究的主要方向（Pattison，1964）。美国地理学家特纳等（Turner et al.，2003）指出，"地方—空间—人类—环境、自然地理及地图科学"是地理学研究的实质性问题，其中，人地关系传统研究及人与环境传统研究是人地关系系统研究的重要支撑与研究核心（吴传钧，1991；陆大道，2002）。虽然目前国内外理论界对人地关系理论的研究已经比较成熟，但针对不同类型的特殊性人地关系系统的研究仍有进一步突破的空间。

本书将干扰理论引入人地关系系统研究框架内，人地关系系统在内外干扰因素下表现出生态脆弱性，并且，人地关系系统在生态环境脆弱与不合理经济社会活动的交互影响下，对可持续发展具有双向制约。现有对人地关系系统脆弱性

---

① 安徽省统计局. 安徽省 2019 年国民经济和社会发展统计公报 [R/OL]. (2020 - 03 - 12) [2021 - 02 - 17]. http://tjj. ah. gov. cn/ssah/qwfbjd/tjgb/sjtjgb/115405421. html.

② 2019 年我国乡村休闲旅游业营业收入超 8 500 亿元 [EB/OL]. (2020 - 12 - 05) [2020 - 12 - 05]. 新华网. http://www. gov. cn/shuju/2020 - 12/05/content_5567227. html.

的研究，多从单个结构层面或单个要素层面分析系统的资源、生态、环境、产业、社会等方面表现出的区域系统脆弱性（毛晓曦等，2016；常春燕，2015），缺乏从人地关系统内部人类活动及人地关系系统外部环境与人地关系系统整体生态要素、经济要素和社会环境要素间的相互作用方面，探讨人地关系系统脆弱性产生的原因及作用机制。如何在内外干扰下解决人地之间的矛盾，实现人地关系系统的可持续发展，已成为当前社会学、经济学、生态学及地理学迫切需要解决的问题。本书针对旅游社区这个特殊的人地关系系统，分析在旅游干扰下其表现的脆弱性及其内部要素的响应机理、整体的演化发展过程，最后，提出在旅游地社区系统间协同耦合的基础上生态储存适应性平衡演变优化调控治理措施的研究框架，是对现有生态脆弱性人地关系理论和文献归纳集成基础上的进一步研究。

1.1.1.3　社区复合生态系统耦合发展——系统解决旅游干扰的新途径

旅游业一度被人们认为是一种"无烟工业"，然而，随着旅游业的迅速发展及无序化、同质化的大规模开发，旅游业对社区影响的非生态效应逐渐显现。旅游业发展给当地社区土地、空气、水等自然生态要素造成破坏，给社区生态环境带来了严重的负载；同时，旅游业的开发，还加剧了社区经济社会关系的紧张程度，干扰了原本的和谐关系。这些旅游开发的负面效应不仅影响了旅游地社区的整体形象，影响了社区内居民及游客的生计感知价值及身心健康，还影响了旅游地社区的人地关系系统的结构和功能，进而影响了社区生态服务价值及社区的可持续发展。

旅游地社区可以视为一种由生态系统、经济系统和社会系统的相互关系组合而成的复合生态系统，旅游开发对社区的影响主要表现为社区内部要素（土地资源、景观资源、产业结构、社会关系等）与社区外部要素（游客、外部投资等）相互作用的复杂过程（Farrell and Twining，2004）。因此，要解决旅游干扰带来的问题，就需要放在一个复杂的系统中进行分析，研究旅游地复合生态系统中生态要素、经济要素及社会环境要素间的交互作用（Holling and Gunderson，2002）。虽然从经济维度和社会维度来看，旅游干扰下社区的经济、社会应对能力及适应能力得到提升，但在一定程度上可能会导致生态系统的断裂及行为混乱等，造成整体生态服务价值下降（Lacitignola，2010）。因此，将社区复合生态系统与系统脆弱性及适应性理论相结合，分析系统间的多尺度动态耦合关系，将旅游干扰下社区生态系统与社区福祉（生态要素、经济要素及社会环境要素三方）相结合，是解决旅游干扰负面效应的重要途径。

1.1.1.4 社区生态管理——实现旅游地社区生态储存平衡演变的新思路

社区生态管理主要是通过将复合生态学理论与系统工程的技术手段相结合，协调与管理人地关系系统内部的生态环境问题、经济社会问题，使得社区内生态子系统、经济子系统、社会子系统在时空、结构、数量等方面达到耦合发展，是生态发展、经济发展与社会发展的有序融合、资源开发与资源保护、社会生态环境可持续发展、社区生态服务价值与功能、社区居民身心健康发展的主要手段（Wang，2006）。

实现旅游地社区生态储存的平衡发展，要对旅游地社区生态复合系统进行主动的、全方位的维护与管理，通过投入产出优化、多元协同治理、环境审计及规划、适应性平衡治理等手段，从动力源、响应过程及响应调控三方面构建整体框架，将旅游地社区生态储存适应性平衡发展视为旅游活动与社区复合生态系统耦合关系的结果。基于熵变理论从旅游活动与社区系统投入产出优化、多元协同参与调控模型及平衡适应性治理模式入手进行分析，构建具有目标层—过程层—实施层三个层面，投入产出优化—多元协同调控—适应性平衡治理三个方向，末端治理—过程治理—前端治理（预警治理）三种具体表达方式的调控路径与规制路径。

1.1.2 研究意义

党的十九大报告指出，我们要建设的现代化是人与自然和谐共生的现代化，既要创造更多物质财富和精神财富以满足人民日益增长的美好生活需要，也要提供更多优质生态产品以满足人民日益增长的优美生态环境需要。[①] 国家对处理经济发展问题与生态环境问题高度重视，强调生态要素、经济要素、社会环境要素的和谐共处。本书揭示社区生态储存对旅游干扰的响应机理，并探索旅游干扰下社区生态储存平衡演化的调控方式与管理方式，对提高旅游地社

---

① 习近平．决胜全面建成小康社会 夺取新时代中国特色社会主义伟大胜利——在中国共产党第十九次全国代表大会上的报告［R］．http：//www.gov.cn/zhuanti/2017 - 10/27/content - 5234876.htm.

区复合生态服务价值及社区生态储存平衡演变具有一定的理论意义、方法意义及实践意义。

（1）理论意义，为理解旅游干扰下社区生态储存可持续平衡演化提供理论支撑。社区生态储存可持续平衡是乡村振兴及城乡一体化建设的关键，是乡村社区复合生态系统服务价值可持续提升，演化的结果。旅游干扰下社区生态储存平衡演化，反映了乡村经济可持续发展、物质文明与精神文化保护与传承、生态环境资源的保护与可持续利用，做到生态效益和经济效益并重，脱贫攻坚、产业发展、基础建设、城乡发展、环境保护等相衔接。现有关于旅游对经济效益、文化效益及生态效益的影响多是基于传统线性思维模式，站在单一系统下分析旅游影响效应，较少以社区复合生态系统为对象，从微观行为主体感知角度出发，量化旅游干扰的影响及社区系统的响应，探索社区生态储存平衡演化机制及有效的治理路径。

首先，辩证性地分析旅游干扰的双向外部效应，正确清晰地辨识旅游干扰作用机理，是对旅游干扰理论的完善与拓展。

其次，站在社区复合生态系统脆弱性的基础上，基于弹性理论和社区居民生计理论，提出旅游干扰下社区生态储存响应的思路、理论及方法，分析社区生态储存的走向、数量、分布与旅游开发的平衡关系，为研究社区生态、文化保护、旅游规划等问题提供新的思路和视野；为揭示旅游干扰下的社区生态储存可持续平衡演化提供理论参考。

（2）方法意义，为量化与探究旅游干扰下社区居民生计响应模型演变及社区生态储存平衡演化提供方法依据。微观视角下社区居民生计响应模式涉及社区居民对生态系统服务的依赖度与社区居民生计福祉的耦合关系，而社区居民不同的生计响应模式影响社区生态储存平衡演化能力。当前研究中关于旅游干扰的影响多从生态景观格局的变化进行分析，然而，社区内行为主体是旅游干扰的直接感知对象及响应对象，因此，分析旅游干扰的影响，需要在微观视角下进行探讨。本书基于理论分析法、田野调查法、重点对象深入访谈法，主客观相结合构建旅游干扰感知量表指标及社区生态储存平衡演化的评价指标体系，以揭示旅游干扰下社区居民生计响应状态及社区生态储存平衡演化的特征与过程，为后续社区生态储存可持续演变与旅游开发的研究提供理论借鉴，拓展了旅游干扰理论体系的研究方法。

（3）实践意义，为社区生态储存可持续平衡演化提供路径选择及政策思路。在旅游快速发展的背景下，社区复合生态系统在旅游干扰下正在发生一系列嬗变。如何保障社区经济系统发展、社区社会系统发展与社区生态系统发展耦合协同？如何在促进乡村经济发展、遵循社区居民生计响应策略的同时，保护和传承乡村传统文化价值、保护社区生态环境？如何促进社区生态储存平衡演进，保障社区生态储存可持续平衡演化。

首先，本书对厘清旅游干扰的作用机理，具有重要的现实意义。旅游干扰具有双向外部性，正确清晰地辨识旅游干扰的作用机理，将有助于利用良性干扰因素促进社区生态系统良性功能和良性结构的演变。

其次，本书从微观视角切入，辩证分析旅游干扰的性质，深入调研并科学评价旅游干扰下社区生态储存的动态响应效应，分析社区居民生计响应模式及社区居民旅游干扰感知效应，提出社区生态储存对旅游干扰的响应机理，为研究乡村社区生态保护、文化保护、旅游规划等问题提供了新的思路和视野。

最后，分析社区生态储存的走向、数量、分布与旅游干扰的平衡关系。从社区生态储存对旅游干扰的响应机制切入，把握问题的症结，探寻社区如何保证经济、生态和文化多重平衡的调控路径，为社区旅游开发提供一个有效的、经济的、生态的方向；为案例地及相同类型的乡村社区旅游干扰下社区生态储存平衡演化提供科学的理论支撑，为社区生态储存可持续平衡演化提供实践参考，可以有效地促进乡村社区生态服务价值提升、社区居民福祉提高及社区生态系统稳定、繁荣发展。

1.2　研究目标

旅游是乡村振兴、脱贫的重要手段，但也给社区生态环境、传统文化价值带来了冲击。受到人们盲目以经济增长为目标以及外来人流和外来文化大量涌入的影响，旅游开发对社区复合生态系统服务结构和服务功能带来一定程度的扰动，旅游干扰下乡村社区土地开发改变着社区经济系统、社区社会系统及社区生态系统的脆弱性。社区复合生态系统服务价值是社区系统脆弱性的基础，在乡村振兴和快速城镇化发展的背景下，如何保持和提升社区生态服务价值、如何使社区生态储存可持续平衡演化，是乡村振兴发展及城乡一体化建设的重大挑战。因此，本书将旅游干扰与社区复合生态系统相结合，选择栾川县为调研地，基于生态系统服务价值、社区居民旅游感知、行为主体对旅游干扰的响应行为，借鉴系统弹性理论、系统脆弱性理论、可持续演化理论及适应性管理理论，分析旅游干扰下社区生态储存的响应行为及平衡演化。

社区与旅游的结合，并不是一种简单的旅游形式或旅游产品，而是强调旅游开发与社区建设的结合，以实现旅游目的地社区的经济效益、社会效益、环境效益的协调统一及最优化。旅游干扰的作用机理是一把"双刃剑"，一方面，旅游开发会对社区生态系统造成破坏等不良影响；另一方面，旅游开发会促进社区经济、生态文化的自觉性，推动系统结构的优化和良性发展，合理利用干扰要素的有利方面促进社区生态系统的良性功能和结构演变。社区生态储存对旅游干扰的响应表现为非线性累计效应，不同生态功能区具有不同的响应阈值。社区生态储存平衡，是在最稳定状态下，能够自我调节并维持自身的一种正常动态平衡。本书的研究目标是以下三点。

（1）立足于系统弹性理论、系统脆弱性理论、人地关系理论，构建旅游干扰下社区生态储存的响应机制。以人地关系系统为指向，通过对案例地旅游干扰下社区居民生计模式的演化分析，对旅游社区系统脆弱性及系统内部行为主体响应感知的实证分析，揭示旅游干扰对社区生态储存的影响及动态响应机理。

（2）基于旅游地社区复合生态系统内部要素解构及外部干扰因素分析，探究旅游地生态储存的系统外部（旅游系统结构）干扰和内部（生态系统服务功能）驱动的双重影响下，社区复合生态系统整体生态储存平衡机制，判断旅游干扰下社区生态储存适应性平衡发展状态，并进一步丰富、拓展旅游干扰、社区居民生计模式和生态储存等领域的理论体系。

（3）基于熵变理论、多元协同理论及适应性治理，构建目标层—过程层—实施层三个层面，投入产出优化—多元协同调控—适应性平衡治理三个方向，末端治理—过程治理—预警治理三种具体表达方式的社区生态储存适应性平衡调控与规制模型。为评价旅游干扰对社区生态储存平衡演化及可持续发展能力提供理论参考，为解释旅游干扰下社区生态储存平衡演化特征提供仿真模拟下的理论依据，为促进社区生态储存可持续平衡演化提供参考路径及实践策略。

1.3 研究方法和技术路线

1.3.1 研究方法

（1）文献检索法。本书通过对多种数据库的资料进行查阅并比较、分析中外文相关文献，结合可视化文献处理分析软件（CiteSpace 软件），对旅游影响理论、社区复合生态系统理论、弹性理论、系统脆弱性理论、系统可持续发展理论、适应性治理理论及系统研究方法等研究成果进行梳理，确定本书的研究方向及关键问题。

（2）数据收集法。通过河南省栾川县统计局官方网站、河南省栾川县文化广电和旅游局官方网站发布的规划报告，获取地方经济、旅游开发的各项相关指标值，深入挖掘当地发展史、村志、大事记等资料，利用河南省栾川县云平台数据库、各村的详细性规划底图并结合遥感技术，获取村域环境文化保护策略的矢量量化。

（3）影视人类学摄影法。影视人类学摄影法是人类学及社会学常用的方法，是人类学家通过介入社会并结合影视图像来认识个体和社会的方法。在对案例的调研过程中，通过该方法记录了河南省栾川县各村域旅游开发过程中社区生态系统动力学理论，分析社区生态系统响应机理的变迁。

（4）田野调研法及半结构式访谈法。笔者通过深入河南省栾川县，与当地社区居民融合在一起，了解当地社区居民、旅游者、政府及企业的行为特征，根据研究目标设置调研问卷对当地社区居民进行调研，亲自指导社区居民，并解释问卷请社区居民根据自身的真实感受回答问题。针对一些研究问题对重点人群进行半结构式访谈，通过收集、分析受访者的回忆及感知效应，从而对访谈内容进行解释。

（5）定性分析与定量分析相结合。本书定性分析各类旅游干扰及其作用机理，并采用统计途径分析模型对系统旅游干扰因子进行量化测度；通过结构熵的计量，选择测度旅游景观格局优化配置方案。构建旅游干扰对社区生态旅游储存平衡熵权及评价模型，通过隶属度函数，划分某镇社区及某村社区生态储存响应等级，并评价社区生态储存可持续平衡演进能力。

1.3.2 技术路线

目前，对于旅游干扰影响机制和影响防控缺乏整体性、系统性的研究，这给社区生态系统的研究和实践带来极大的障碍。本书研究技术路线，如图1-1所示。

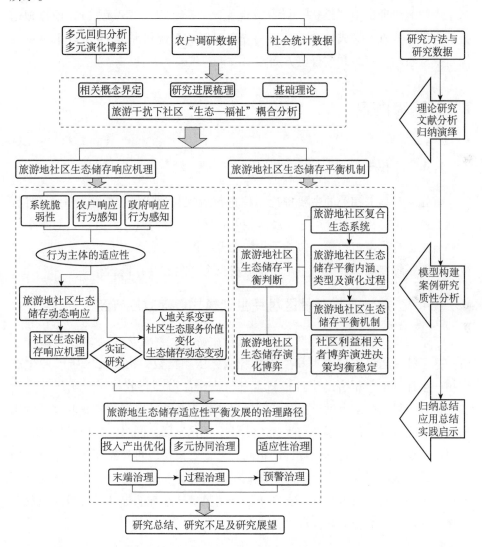

图1-1 本书研究技术路线

资料来源：笔者绘制。

技术路线包括以下四点。

（1）核心问题的提出：旅游干扰的正外部性、负外部性，利益干扰中的有利因素，促进社区生态储存平衡发展。（2）响应机理的分析：基于系统动力学理论，从微观视角揭示社区生态储存对旅游干扰的非线性响应机理；并选择典型社区对旅游干扰响应进行实证测评及综合制图。（3）平衡机制的形成：基于产业组织理论中"结构—行为—绩效"分析范式（SCP 范式），通过理论分析与实证分析，形成耦合—衔接—分区规制的平衡机制。（4）政策体系的构建：从激励、组织和监督三方面提出政策建议。

1.4　研究内容

1.4.1　相关概念及理论借鉴

首先，对本书相关的主要理论支撑进行梳理与评述，包括旅游干扰理论、人地关系理论、社会复合生态系统理论及社区生态储存理论；其次，对本书的重要概念进行界定与辨析，包括干扰概念及旅游干扰概念，人地系统概念、社会—生态系统概念、社会—生态系统服务概念、生态储存概念。

1.4.2　旅游干扰对社区居民生计模式影响效应研究

本书主要从实证角度以微观视角分析旅游干扰对社区生态储存的影响效应。基于社区居民生计资本和生态系统服务依赖指数，构建社区居民"生态依赖—生计福祉"耦合的生计模式，基于十个旅游型行政村展开调研并进行实证研究，得出旅游有助于提高社区居民依赖熟悉的社区资源来获取收益意愿的结论。旅游开发促进了农户生计方式的多样化发展，同时，农户对生态系统脆弱性认识的增强及对其依赖性的提高，使得农户在应对外界环境变化时更加积极主动，从而促使农户增强对生态系统的响应力和适应力，实现了社区生态保护与脱贫致富的双重目标，有利于社区居民生计福祉的提升，从微观视角下呈现出社区生态储存的可持续平衡发展。

1.4.3　社区生态储存对旅游干扰的感知响应研究

首先，基于系统脆弱性—适应性理论，以协同响应作为切入点，按照旅游干扰—主体响应感知—主体响应行为的逻辑思路构建研究框架；其次，选择河南省栾川县两个乡村展开调研，实证分析旅游地社区的系统脆弱性以及社区居民、政府分别从生态要素、经济要素和社会要素三个方面对旅游干扰的感知响应；最后，在社区行为主体感知响应行为下，进一步验证旅游地社区生态储存的动态响应变化，得出社区生态储存对旅游干扰的响应机理。

1.4.4　旅游干扰下社区生态储存平衡演进的判定

首先，基于社会—生态系统的相关理论，界定旅游地社区复合生态系统的边界、特征、要素关系及外部性；其次，界定旅游地社区生态储存平衡的概念，借鉴耦合理论，基于社区内子系统及旅游产业系统的耦合关系分析，划分社区生态储存平衡阶段；再次，在社区内部各个子系统之间的耦合互动关系、影响因素深层剖析的基础上，演绎推理出旅游地社区生态储存平衡演进的驱动机制、响应机制及演化机制；最后，得出旅游地社区生态储存平衡循环过程的分析框架。

1.4.5　旅游干扰下社区生态储存可持续平衡演化

旅游干扰下社区生态储存可持续平衡演化，表现为社区系统内部服务功能与旅游活动间进行信息、能量及物质交互的结果。以 2013～2018 年河南省栾川县旅游开发对生态、经济、社会影响的数据为研究对象，首先，根据旅游地社区复合生态系统投入产出优化循环机制，基于信息熵理论构建社区生态储存平衡演化评价模型；其次，从系统服务能力输入熵、系统服务需求压力型输出熵、系统服务脆弱性代谢熵、系统服务响应代谢熵四个方面，构建社区生态储存平衡演化指标体系；再次，根据四类指标的熵值，揭示社区生态储存平衡演化规律并评价其可持续平衡能力；最后，探析社区生态储存熵变与可持续平衡演化能力之间协同互动的动态相关关系，设计社区生态储存适应性平衡优化路径。

1.4.6　社区生态储存平衡的演化博弈及仿真分析

本书以生态脆弱的偏远乡村为对象，研究旅游干扰下社区生态储存的平衡演化博弈仿真分析，以期进一步探讨生态储存平衡机制。首先，分析旅游地社区利益相关者在旅游开发过程中的利益诉求及作用；其次，构建三方博弈演化模型，推理出旅游地社区利益相关者对旅游干扰不同的响应行为产生的社区生态储存均衡状态；再次，通过数值模拟不同社区生态储存均衡状态下的策略选择；最后，为了能够更好地发挥社区参与旅游的正向作用，促进社区生态储存平衡的可持续演进，本书构建多元协同调控模式，有效治理各利益相关者在参与旅游开发中互相影响的响应行为。

1.4.7 旅游地社区生态储存的适应性平衡发展治理路径研究

首先，构建旅游地社区生态储存适应性平衡发展调控与管理的整体框架；其次，构建旅游地社区生态储存适应性平衡发展的多元协同利益相关者调控模型，以期通过多元协同治理，协调各方利益相关者以达到推动社区生态储存平衡发展的目的；最后，构建旅游地社区生态储存平衡发展的适应性治理模型，并提出适应性治理调控措施。

第 2 章　中外文文献相关研究进展与综述

2.1　旅游开发的影响研究

旅游活动的开展对旅游目的地的生态要素、经济要素及社会环境要素产生巨大影响。1982 年，马西森和沃（Mathieson and Wall）在《旅游：经济、环境和社会影响》（*Tourism：Economic，Physical and Social Impacts*）一书中较为全面、系统地论述了旅游影响理论，并将旅游影响划分为经济影响、环境影响和社会影响三个维度，这三个维度的影响也构成了旅游业的效应模型：经济效应、环境效应和社会文化效应（陈莉，2015）。旅游开发对旅游目的地的影响是复杂的，本书梳理旅游开发影响的相关中外文文献，将旅游开发对旅游目的地的影响划分为经济影响、环境影响和社会影响三个维度进行评述。

2.1.1　旅游开发的经济影响

旅游开发并不仅仅是简单地促进经济增长或抑制经济增长，而是会根据地区经济水平、旅游开发类型及其发展程度、所在地区等产生不同的经济影响效果。旅游对不同地区经济增长、就业和相关产业的带动作用及促进作用对国际（如发达国家与发展中国家）、区际（如中国的东部地区、中部地区、西部地区三大区域）等不同尺度的区域经济差异呈现收敛作用或发散作用（赵雅萍和吴丰林，2013；TranVan Hoa et al.，2018）。在对旅游开发的经济影响进行研究的过程中，主要应用了因果关系分析、乘数分析、投入产出模型、一般均衡模型（CGE）等进行定量分析（Briassoulis，1991；Dwyer L. et al.，2004）。

在旅游开发的经济影响研究结果中，大多数研究指出，旅游活动对当地宏观经济和国内生产总值（GDP）增长表现出显著的积极影响，并且对长期的经济发展具有一定促进作用，有利于促进国家减贫政策的有效执行（Balaguer，2002；Colin Cannonier and Monica Galloway Burke，2019；Amin Sokhanvar et al.，2018；曾忠禄，2014；谢波和陈仲常，2015；张爱儒和李子美，2017；徐海鑫，2018；赵磊等，2018）。旅游开发的经济影响，主要体现在税收、社区居民生活水平、产业结构、物质消费、物资价格、外来流动人口、基础设施建设、外部资金、就业人数等方面（Brian Archer，1995；徐海鑫和项志杰，2018）。一些研究指出，旅游活动对外汇收入及国际收支平衡也有一定的影响（李燕，2013；李其原，2014）；也有一些研究指出，虽然旅游业的发展不一定能带动当地经济显著增长，但是，旅游可以使得各地区之间经济发展差距缩小（周文丽，2012，2015；李燕，2013）。

同时，还有一小部分研究文献指出，旅游业的发展并不一定都会引起显著的经济增长，原因在于，旅游活动与经济之间的因果关系在各国之间表现出很大差异，在不同的旅游领域中经济增长情况也不同。比如，巴西、墨西哥、突尼斯和菲律宾的旅游业与经济增长之间存在单向因果关系，而中国、印度、印度尼西亚、马来西亚和秘鲁的旅游业与经济增长之间存在双向因果关系（Amin Sokhanvar et al.，2018；Belloumi，2010）。有研究表明，旅游虽然缩小了贫困差距，但并没有减少贫困人口的数量或改善收入不平等的状况，对当地社区金融资产的经济影响也不大（Mahadevan and Renuka，2017；Bixia Chen et al.，2018）。此外，旅游开发的经济影响在旅游开发的不同阶段具有一定差异，当旅游业发展较为平缓时，旅游收入的增长是有限的，且旅游收入总体上对经济增长的贡献在下降（周文丽，2011）；处于不同的经济发展水平下，不同的旅游活动对经济增长的影响也是不同的，虽然旅游开发对经济增长的影响随着中国经济发展水平的不断提高呈阶梯状增强趋势，但是，国内部分经济欠发达地区旅游开发并不一定能够实现区域经济增长（卢天玲，2008；衣传华，2017）。

总之，旅游业对经济的影响机制是一个动态均衡机制（张爱儒和李子美，2017），旅游业与经济增长互为因果关系，二者相互影响，即旅游收入的增长依赖于经济增长，而旅游收入也影响经济增长（张爱儒，2009；李其原，2014）。旅游业发展与宏观经济之间也有互动关系，即国际旅游开发和国内旅游开发对中国工业发展具有显著的促进作用，但是，这种促进作用较为单一，主要体现在建筑行业（刘晓煜，2014）。随着旅游业的发展，旅游业出现了集聚与专业化的现象，二者对经济的影响截然相反，相邻地区旅游业集聚密度对本地区经济增长存在显著的影响；相邻地区旅游业专业化水平对本地区经济增长存在显著的抑制作用（何昭丽，2018；谢露露，2018）。

2.1.2　旅游开发对环境的影响

在旅游开发与经营过程中，旅游基础设施的建设方式、管理方式的不适应、游客行为的不当及游客数量、私家车数量的剧增，都会使自然生态环境发生变化（吴官胜，2011；高科，2018；Wright C.，2004；Turton，2005），主要体现在对植物资源、动物资源、景观资源、地质地貌以及大气的破坏（陈永富，2003；Dan Sun and Michael，1993；Cole，1995；Cole and Spildie，1998）。不同强度的踩踏对不同类型植被的干扰程度具有明显差异，且踩踏强度与植被干扰程度之间并不是简单的线性关系（Dan Sun and Michael，1993；Cole，1995；Cole and Spildie，1998）。

旅游活动的强度通常与旅游干扰程度存在正相关关系，旅游活动的不断增强使得植被群落出现裸地、物种多样性下降、伴人植物增加、生境破碎等退化现象（张桂萍等，2005；李文杰和乌铁红，2012；贾铁飞等，2013）。然而，并不是所有的旅游活动都对植被具有显著的影响，研究发现，低强度旅游活动和中强度旅游活动对植被结构和植被组成的影响明显不足（Octavio Pérez-M et al.，2017）；不同类型的旅游干扰对植被的影响也有明显差别，研究表明，游客的体重和鞋型会对植被造成不同程度的损害（Cole，1995），且践踏强度也会随着旅游交通方式类型的变化而变化（Cole and Spildie，1998）。也有研究表示，在相同旅游活动强度下，不同类型的旅游交通方式对植被和土壤的影响不大（Thurston and Reader，2001），随着旅游干扰程度的降低，植被的可恢复能力将有所增强（李文杰和乌铁红，2012）。部分文献并不认同以上观点，指出植被的破坏程度会随着旅游干扰程度的变化而变化，物种多样性呈现倒

"U"型变化（席建超等，2009；李永亮等，2010；李文杰和乌铁红，2012），即随着干扰程度的增大，群落物种多样性呈先上升、后下降的变化趋势，中度的旅游干扰在一定程度上能增加群落物种多样性，使得群落结构更加复杂，但其群落稳定性可能会降低，这是生态系统对外界旅游干扰的一种适应行为（刘鸿雁和张金海，1997；管东生和林卫强，1999；吴甘霖等，2006；朱学灵等，2008；李文杰和乌铁红，2012）。因为旅游活动具有局域性，仅仅发生在特定区域内，所以，其所形成的旅游干扰只是局域性环境破坏，在空间上表现出距离衰减规律（李文杰和乌铁红，2012），对景区进行合理布局与规划，可以减少对植被的干扰。

旅游活动对植被形成的干扰不仅直接体现在环境方面，还会间接地影响游客的体验方式及行为方式，即使在践踏对环境影响相对较小的情况下，仍可能会消极地影响游客的休闲体验（Jinyang Deng，2003）。例如，一部分游客可能会有意识地远离植被密集的地方（Octavio Perez-Maqueo，2017）。许多文献研究了旅游活动对土壤的影响，对于旅游活动对土壤化学性质的影响，主要体现在旅游活动对重金属元素、pH 值、有机质、碳酸盐等指标的影响（José AntonioRodrí guezMartín，2006），旅游活动对土壤物理性质的影响，主要体现在旅游活动对土壤容重、土壤含水量、土壤硬度的影响（C. D. Settergren，1970），但土壤有机质含量与践踏强度之间没有明显的关系（Dan Sun，1993）。上述文献同时研究了旅游活动对植被和土壤的干扰程度，其中，一些文献指出，游客行为使得植物物种数量和多样性普遍减少，甚至有一些物种从自然植被中消亡，很少有物种能够在旅游区生机盎然地繁衍，并且，游客的践踏使得土壤硬度不断增强、供水情况和空气循环情况严重恶化，最终将抑制植被生长，使得生物多样性越来越趋向单一化（Pignatti，1993；Jim C. Y.，1993）。而一些文献指出，虽然游客的踩踏行为可能会导致植被受损，土壤被践踏，但是，其对不同区域的植被和土壤有着不同程度的影响（Jinyang Deng et al.，2003）。还有一些文献指出，旅游活动的开展对植物物种组成及其多样性有着显著影响，并且，改变土壤的理化性质，使得土壤中的重金属含量日益上升。在不同的干扰程度下，土壤的理化性质也存在显著差异，土壤理化性质的改变在一定程度上也改变了群落物种多样性和群落优势度（管东生和林卫强，1999；李永亮等，2010）。

旅游业除了会对植被、土壤产生影响外，还会对碳排放量产生影响。旅游业的碳排放量主要来源于旅游交通、旅游住宿以及旅游业三大旅游部门，各旅游部门的碳排放量占比有所不同，其中，旅游交通部门占比最大。蔡和安德鲁·弗兰（Cai and Andrew Flynn，2013）指出，旅游业会显著增加碳排放，这些碳排放主要来源于旅游交通、旅游住宿以及旅游活动。姚治国和陈田（2016）基于旅游碳足迹模型对中国海南省进行了碳排放的实证分析，结果显示，旅游交通碳排放量大于旅游住宿碳排放量大于旅游活动碳排放量。查建平等（2018）指出，与其他产业部门相比，旅游业直接碳排放量占比相对较小，且碳排放强度不断下降。孙晋坤等（2016）指出，旅游交通碳排放具有占比大、测算难、跨区域、多部门等特点，交通发展程度、游客行为与意识、相关政策法规等影响着旅游交通碳排放。旅游经济与旅游业碳排放之间存在着促进作用或抑制作用，研究主要侧重于旅游收入增长或旅游经济增长与旅游业碳排放脱钩关系的分析，旅游业收入显著提高了旅游业的碳排放量，但旅游业收入对各地区的旅游业碳排放强度具有差异性，范跃民等（2019）指出，中西部地区旅游业收入先促进、后抑制旅游业碳排放强度，呈现出倒"U"型的发展趋势。

2.1.3　旅游开发对社会文化的影响

旅游开发对社会文化的影响，主要涉及社会联系、家庭结构、生计方式、生活方式、生活质量、道德感、消费倾向、审美倾向、社会关系、婚姻文化、家庭文化及民族文化等多个方面（刘赵平，1998；徐海鑫和项志杰，2018；Bixia Chen，2018）。例如，旅游业将乌姆盖斯（Umm Qais）的社会从农业社会转变为城市社会，并导致了传统的日常活动和每个人责任的变化，而且，改变了家庭结构，由大家庭向核心家庭转变，社区居民由生产者向消费者转变（Ammar，Abdel Karim Alobiedat，2018）。一些研究指出，某些地区内的旅游开发为当地社区带来的社会文化影响远超过其他方面的影响，研究表明旅游开发使得社区居民的资产（自然资源、物质资源、金融资本、人力资本和社会资本）得到了一定程度的改善，改变了当地社区居民的生计方式，且对老龄化社区而言，非经济收益超过了经济收益。例如，民宿接待给偏远的村庄带来了经济活力，提高了社区居民的生活质量，在一定程度上增强了社区居民的社会联系（Bixia Chen，2018）。

旅游活动对社会文化既有积极影响，又有消极影响。旅游开发有利于文化交流及文化的传承与保护，社区居民的商品经济观念逐步增强也有利于经济观念的改变。但是，经济利益的发展使得社会关系发生变化，传统的民族文化退化、遗失、商品化、趋同化等不良影响也会随之而来（周娉，2015；徐海鑫和项志杰，2018）。总体而言，旅游活动的干扰以经济影响为代表的有利影响占据主导地位，而旅游活动产生的负面影响可以被有效控制，旅游社区居民认为外来文化虽然会冲击本土文化，但是，旅游开发为当地社区居民带来了就业机会，增加了与外界交流的机会，并促进本地文化的展示与传播（谢婷等，2006；刘旺和蒋敬，2011）。

2.1.4 研究述评

旅游开发对目的地的影响并不仅体现在经济、社会文化或环境的某一方面，一般来讲，旅游开发带来的影响是综合的、复杂的、多方面的，既有积极的、正向的影响，也有消极的、负向的影响。虽然旅游开发造成了供水成本与垃圾处理成本增加、交通拥堵及犯罪率上升等经济、环境、社会文化多方面的消极影响，但是，也大大提高了社区居民的收入水平、提高了其生活质量，并且，能够促进当地民族文化的保护与发展（Green，1990），从而增强社区幸福感，带动社区居民对旅游的支持意愿及纳税意愿，促进旅游业的可持续发展，进而改善当地环境（包括自然环境和文化资源，以及社区宁静和美丽），对社区服务（包括公共交通和城市服务）及社区经济（包括经济多样性、就业和税收等）产生了积极的影响。

旅游开发对经济、环境、社会文化等方面具有积极或消极的影响，但这些影响往往会因地区发展水平、旅游开发程度、社区居民感知等的不同而有所不同。关于旅游开发对经济影响的研究中，主要侧重于实证研究，研究表明不同地区、不同发展阶段旅游开发的影响具有差异性，旅游开发并不一定正向地、显著地影响地区经济。而旅游开发与国民经济的研究，多定性描述二者之间的因果关系，缺乏定量分析。旅游开发对环境影响的研究，主要集中在旅游活动对植被、土壤等生态变化及碳排放量的定量研究，旅游开发对环境绿化影响的研究相对较少，且多为定性研究；旅游开发对环境影响的研究侧重于对环境的负面影响，忽视对环境的正面影响，且现有文献中缺乏旅游环境影响机理的研究。旅游开发对社会文化影响的研究相对较少，主要是通过定性分析的方法来研究社会发展中的某一问题，研究范围较为狭窄且缺乏实证研究。旅游开发对目的地的影响是复杂的，并不仅是对某一领域的影响，一般来说，旅游开发对目的地某一领域产生影响也会对其他领域产生影响，旅游开发对目的地的影响是多方面的，然而，目前相关研究缺乏成熟的理论体系和完善的方法体系，现有文献多是对旅游开发的影响结果进行分析，很少针对旅游开发的影响过程进行分析，缺乏旅游开发的影响机制研究。

2.2　旅游开发与社区协同发展研究

旅游业的发展对当地社区的正面影响主要体现在，为当地企业、当地社区居民创造就业机会，增加当地居民的自豪感和文化认同感并提高其环境保护意识等方面。社区旅游研究不仅关注社区旅游的利益相关者，也注重社区与旅游的互动关系，探索社区旅游开发过程中存在的问题，并寻找解决途径，以促进旅游开发与社区协同发展。社区旅游开发研究主要包含社区居民参与旅游开发、可持续旅游与社区居民参与社区旅游规划与社区旅游管理等方面，其中，社区居民参与旅游开发方面，主要集中在社区居民对旅游开发的感知与态度。

2.2.1　社区居民感知研究

1985 年,墨菲·P. E.（Murphy P. E.）在《旅游：一种社区方法》（Tourism：A Community Approach）中首次提出社区参与的概念，注意到社区居民在旅游业发展中的作用。关于社区居民对旅游开发的感知与态度的研究，主要集中在社区居民对旅游开发带来的经济、环境及社会文化影响的感知，社区居民对游客行为的感知、社区居民感知与社区居民态度的影响因素三个方面。社区居民是当地旅游开发的核心力量，社区居民的参与对于提高旅游质量、保护旅游目的地生态环境、实现旅游业可持续发展尤为重要。旅游开发为社区带来了正向或负向的经济影响、环境影响、社会文化影响，进而影响了社区居民对旅游开发的感知与态度。瑞雅·格林（Ray Green, 2005）从社区居民对旅游感知的角度，探讨了社区居民如何看待旅游业快速发展带来的日常生活变化以及环境变化和社会文化变化；郭安禧等（2018）指出，旅游开发带来的经济效益、社会效益、环境效益等可以满足社区居民的个体需要，从外部提升其对居住社区的满意度，在旅游开发的态度上表现为倾向于正面。旅游目的地社区居民对旅游开发的感知与态度主要通过构建模型来测量，西莱丝特等（Celeste et al., 2016）构建了开发和测试结构模型，以测算地方依恋度、主客体互动以及感知的积极旅游影响和消极旅游影响对社区居民旅游开发态度的直接影响和间接影响。赫克特·桑·马丁等（Héctor San Martín et al., 2018）提出了用社区居民态度模型来考察社区居民对游客的态度，并分析了品牌资产观念与社区认同如何影响社区居民对游客的态度。夏天添等（2019）的研究表明，社区居民旅游影响感知与社区居民旅游支持态度之间的关系呈倒"U"型，社区居民的生活品质在社区居民旅游感知与社区居民旅游态度之间具有中介作用。社区居民的参与，是旅游可持续发展的需要，也是社区发展的需要。

大部分文献指出，社区居民对旅游业的态度是积极的，即与旅游业有关联的社区居民以积极的方式看待旅游业的影响（Woo et al., 2018），指出旅游活动给社区带来的影响利大于弊（Brida et al., 2011），旅游开发带来的负面影响主要是环境影响。与此同时，旅游开发给社区居民带来的烦恼会负面影响他们对旅游业发展的态度（Ivan Ka Wai Lai and Michael Hitchcock, 2016），社区居民受教育程度较低及游客与社区居民之间的行为差异、文化差异，会使社区居民对旅游业发展及其对社区繁荣的重要性持有负面看法（Ivana Blešić et al., 2014）。且社区居民对旅游开发的态度也会影响他们的行为，如果社区居民对旅游开发有积极的态度，就会在社区内做出支持旅游活动的行为（Mostafa Rasoolimanesh and Mastura Jaafar, 2016）。社区居民参与社区的旅游活动其对他人的建议，是支持旅游业发展的两个关键行为指标。赫克特·桑·马丁等（2017）探究了社区居民对旅游业影响的感知与态度之间的作用，分别考察了旅游开发对经济、环境和社会文化的正面影响与负面影响，并探究了社区居民对旅游开发态度的不同影响，以及持有不同态度的社区居民从事旅游相关工作的行为差异。

学者们通过案例研究发现，社区居民对旅游的感知与态度具有差异性，这些差异性的原因是复杂的。莱因哈德等（Reinhard et al.，1999）调查了澳大利亚文化旅游社区居民在旅游业发展的不同阶段对旅游影响的态度，发现旅游业的发展使得社区居民对社区经济及基础设施的改善有着良好感知，而对生态环境的恶化有着不良感知。布伦特和科特妮（Brunt and Courtney，1999）调查了英国海岸旅游地社区居民对旅游社会文化影响的看法，调查显示，不同社会特征的社区居民，所受到的旅游影响不同。克丽桑·霍恩和戴维·西蒙斯（Chrys Horn and David Simmons，2002）选取了新西兰两个典型的旅游社区作为案例地进行比较分析，发现游客量、社区对旅游业的信任程度，部门协作、社区居民对旅游业的认知、旅游业的发展进程，都影响社区居民对旅游业的态度，影响社区居民感知的因素是复杂的。吴恩珠等（Woo Eunju et al.，2015）指出，社区居民对旅游开发的感知差异，主要来源于社区居民参与旅游开发的程度、社区居民受益程度及社区居民对物质生活和非物质生活的满意度。

2.2.2　可持续旅游与社区参与

社区居民参与旅游开发，是社区旅游开发与社区协同发展的重要途径。杰瓦特·托桑（Cevat Tosun，2000）探讨了发展中国家社区参与旅游开发的局限性，研究发现，在许多发展中国家，社区参与旅游开发存在业务方面、结构方面和文化方面的限制，这些限制可能会随着时间的推移而变化。根据旅游开发的类型、规模和水平，服务市场和当地社区的文化属性来看，旅游开发的形式和规模超出了当地社区的控制。韦舍和德拉姆（Wesche and Drumm，1999）根据社区参与程度将社区生态旅游分为三种模式：一是社区对旅游业具有所有权，采取独立经营、轮换模式，使社区居民都参与进来，并对旅游收益享有全部自主权；二是社区居民根据自愿原则自主决定是否参与进来；三是社区与外界投资者共同参与旅游开发及管理。唐纳德等（Donald et al.，2004）构建了一个社区参与旅游规划自我评估的方法，在对加拿大六个旅游社区的应用调查中表现出突出的效果。

　　社区居民主要通过参与旅游开发管理和决策、参与住宿招待和餐饮接待、旅游商品售卖、娱乐活动项目经营、导游服务、歌舞表演等方式直接参与旅游经营；也可以通过成为住宿员工和餐饮员工等服务人员、作为景区安保人员和环卫人员等、为景区经营活动提供原材料、土地流转承包、以资金方式或土地方式入股分红等方式参与旅游。未能参与旅游的社区居民，主要是无参与能力或出于各种原因不愿参与旅游。在社区参与旅游开发的过程中，一些文献根据案例研究提出了不同的社区参与模式。例如，郑群明和钟林生（2004）根据不同的社区参与类型提出了"公司＋农户"模式、"政府＋公司＋农村旅游协会＋旅行社"模式、股份制模式、"农户＋农户"模式、个体农庄模式、轮流制模式、旅游企业主导的社区参与模式。曾艳（2007）提出，中国社区参与旅游开发包括官方主导、企业主导、社区主导三种模式，并提出了中国特色的社区参与旅游开发模式。刘涛和徐福英（2010）将社区参与乡村旅游模式归结为三类：个体农户模式、农户联合模式、多方合作模式。张娅莉（2013）将社区参与旅游扶贫模式总结为，政府主导型模式（吸纳型参与和自主型参与）、项目带动模式、景区帮扶模式、公司与农户合作模式（公司与农户合作形式、"公司＋社区＋农户"）。吴琦（2016）提出了社区参与旅游扶贫模式的优势及必要性（旅游开发主体多元化、旅游扶贫目标系统化、旅游开发对象人本化、扶贫手段的多样化），确定了各参与主体间的相互关系，并提出了丽水社区参与旅游扶贫的四种模式（生态旅游产品依托模式、农家乐接待模式、景区依托模式、亦农亦旅模式）。

　　总的来说，社区居民参与旅游开发的途径，主要是社区居民参与旅游开发决策、参与旅游开发带来的利益分配或得到补偿、参与景区的共同管理与共同保护、社区居民参与旅游相关培训等（黄芳，2002）。外文文献主要聚焦于旅游规划与社区参与和可持续旅游与社区参与两种方式，中文文献则主要聚焦于旅游扶贫中的社区参与和旅游可持续发展背景下的社区参与两种方式。一些现有文献发现，社区与社区居民参与旅游开发存在不利因素，主要集中在社区或社区居民参与机制与利益分配等方面。孙九霞和保继刚（2006）指出，因为旅游业能够为农村剩余劳动力提供就业岗位，农民能够获取经济利益，但是，农民对旅游的负面影响缺乏认知、参与能力弱，且缺乏相应的参与机制，导致农民在旅游开发中的参与程度不高，所以，农民参与旅游开发的积极性较高，但参与程度低。王茂强（2006）则指出，社区参与旅游存在的问题是：社区相互模仿参与旅游产品开发，导致同质资源的个性丧失；在文化差异上，乡村的东道主文化与游客的外来文化的互动难度加大；在资源管理权属上，社区参与旅游的核心是土地问题，关键是如何将土地使用管理权力归还农民的问题；开发商或政府与农民的利益关系一般并不和谐，矛盾和对立时有发生。刘涛和徐福英（2010）研究指出，社区居民与旅游企业的矛盾主要集中在利益分配上，社区居民与旅游者的关系伴随着旅游开发的深入由友好关系转为敌视关系，社区集体组织与政府的矛盾主要围绕着土地征用与资源保护两方面，旅游企业与旅游者的矛盾主要是产品质量和产品价格的矛盾，旅游企业与社区集体组织的矛盾主要来自经济利益分配和资源经营权转让两方面。吴琦（2016）指出，社区参与旅游扶贫存在四个问题：社区参与不完全、社区参与主体间信息不对称、民间组织参与积极性不高以及社区居民参与旅游开发过程中与其他利益相关者存在矛盾。

2.2.3　社区旅游规划与旅游管理

德拉姆等（1999）指出，根据社区参与的内容可以将参与社区旅游的主体划分为社区拥有和管理的企业、自愿参与的社区家庭或团体协会；本土社区、协会或家庭与非本土人员合作的合资企业。为保证旅游开发与社区协同发展，孙凤芝（2013）指出，非本土人员负责为游客提供服务，为社区提供交通服务，并在必要时提供多语种服务，本土合作伙伴负责管理社区内的计划和安排。目的地管理人员可以开展各种社会责任活动以改善与社区居民之间的关系，注重旅游干扰对所在社区的社会文化和环境的负面影响（Héctor San Martín et al.，2017），加强社区居民对旅游业积极效应的感知，从而加大社区居民对旅游业的行为支持。在社区旅游开发中，政府职能逐渐受到学者们的关注。格兰杰（Grainger，2003）介绍了一个综合管理计划，该计划意在保护埃及的凯瑟琳圣地保护区的自然遗产和文化遗产，确保社区参与旅游开发，以增加可持续旅游的机会。谢卡尔（Sekhar，2005）探讨了越南沿海地区的人类活动影响的社会经济制度，认同了跨部门管理、战略环境评估和地方社区参与的必要性，并强调了地方一级的伙伴关系，特别是在公共部门和私营部门以及民间社会分担环境管理责任方面。总之，为了实现社区旅游业的可持续发展，地方政府应提供适当的渠道与社区沟通，提供合适的机会并鼓励社区参与旅游开发。

2.2.4　研究述评

旅游开发会对社区产生正向与负向的经济影响、环境影响及社会影响，社区参与旅游开发可以促进旅游可持续发展与社区的稳态发展。社区应参与旅游开发决策，依靠社区全方位、多领域的参与，降低当地旅游开发的成本。旅游开发应考虑社区居民的旅游感知与旅游态度倾向，关注社区发展问题，从社区的角度进行旅游开发与管理，推动旅游开发与社区协同发展。但中国的社区参与旅游开发的相关研究，多集中在理论研究、社区居民感知、社区参与、旅游开发的影响因素、发展模式及利益分配几个方面，忽视了对旅游开发与社区协同发展的研究。现在，社区参与旅游开发虽逐渐重视社区居民的感知与态度，但是，现有文献大多从政府角度和企业角度提出旅游管理措施，甚少针对增强社区居民的参与度提出详细建议，且对利益相关者之间的利益分配层次研究较浅，有待进一步加强。

2.3　旅游地社会—生态系统脆弱性研究

脆弱性是区域可持续发展的研究主题之一，李鹤（2011）将脆弱性概念引入生态学、可持续发展等领域内，社会—生态系统是脆弱性的主要研究对象（田亚平和常昊，2013）。生态系统脆弱性是指，系统面对自然灾害时的暴露度、敏感性及适应能力的函数，是系统的一种内部属性。社会—生态系统脆弱性是指，暴露于扰动或外部压力的系统对扰动的敏感性以及适应能力（Adger W. N.，2006）。与生态系统脆弱性相比，社会—生态脆弱性研究更加注重社会—生态过程的交互影响和交互响应。旅游地社会—生态系统脆弱性可理解为旅游地社会—生态系统在受到外部环境扰动和压力的情况下，系统内部结构的不稳定性，使该系统容易遭受某种程度损失或损害的特性，包含了社会脆弱性、经济脆弱性及生态环境脆弱性（王群，2019）。旅游地社会—生态系统脆弱性的研究，主要集中在旅游地社会—生态系统脆弱性评价及适应性管理等方面。

2.3.1　社会—生态系统脆弱性

为了应对日益严峻的全球环境问题，霍林（Holling，1935）提出了社会—生态系统的概念，认为社会—生态系统是人与自然紧密联系的复杂适应系统，它受自身和外界干扰与驱动的影响，具有不可预期、自组织、多稳态、阈值效应、历史依赖等特征。国内外学者主要侧重于对社会—生态系统不同的作用过程及响应过程的研究，研究了环境变化引起的社会—生态系统脆弱性、区域脆弱性、由贫困引起的社会脆弱性及城市社会系统脆弱性。

2.3.1.1　环境变化下的社会—生态系统脆弱性研究

近年来，国内外学者逐渐关注到气候变化引起的社会—生态系统脆弱性，气候变化主要包括气温变化和水资源变化。从气候变化的角度出发，大量研究表明，气温变化会影响旅游地社会—生态系统的脆弱性，如西门扎等（Semenza et al.，1996）在1995年7月芝加哥热浪造成大量人员死亡的背景下，对死者的家属、邻居或朋友进行采访，研究表明，便利的交通与良好的社会交往有利于降低社会—生态系统的脆弱性。里德等（Reid et al.，2009）指出，气温引起的死亡是可以避免的，他们根据不同人群、不同社区的特征分析了热脆弱性，并提出了干预措施。常丽博等（2018）基于"气候—生计"脆弱性框架，运用模糊综合评价法评估气候变化下的中国云南省哈尼族农村的社会—生态系统脆弱性。凯瑟琳等（Katherine et al.，2019）指出，气候变化引起了加勒比岛屿的珊瑚礁白化，从而导致包括渔业及旅游业在内的社会—生态系统发生变化。高温天气可以增加疾病的发生率，并引起该地区人员的大量死亡，这一现象得到了学者们的关注，他们开始研究高温热浪气候下不同社会特征的人们对高温气候脆弱性的响应能力。

从水资源变化的角度进行研究，许多文献指出，水资源脆弱性是水资源管理的重要研究内容，水资源脆弱性研究主要通过研究典型案例地，评价区域水资源脆弱性，通过函数模型定量评价区域水资源的脆弱性，还有少量文献通过仿真模拟进行水资源分析和适应能力分析。如克尔克（Kelkar, 2008）通过模拟地表径流、土壤水分发展、横向径流和地下水补给，分析了印度的北阿坎德邦（Uttarakhand）流域的气候变化、水资源的脆弱性和适应能力，并提出农村社区的水资源适应政策。马塞蒂等（Masetti et al., 2009）基于土壤保护能力与土地利用两个维度，选取了氮肥载荷、人口密度、平均灌溉、饱和导水率、降水、地下水深度及地下水流速七个指标，评价了地下水的脆弱性。凯特等（Kattaa et al., 2010）选择了包含水层介质岩石、渗透、土壤介质、岩溶和表层岩溶五个环境参数在内的 RISKE 模型评价叙利亚西部的塔尔图斯（Banyas）地区集水区（BCA）含水层的脆弱性，研究发现，区域东部和区域西部具有高脆弱性，区域中部以中等脆弱性等级为主。

2.3.1.2 区域脆弱性

一些文献通过选择典型案例地构建脆弱性评价体系以探索区域脆弱性。如卢亚灵（2010）基于生态敏感性—恢复力—压力度概念框架构建生态脆弱性评价体系，评估了中国环渤海地区五省（市）的生态脆弱性。刘凯（2014）结合集对分析法和脆弱性评价模型，从敏感性和应对性两个维度建立指标体系，分析了黄河三角洲的区域脆弱性、演变规律及其影响因素。李洁（2015）运用综合评价法构建评价体系，评价了甘肃省的社会—生态系统的脆弱性，并分析了甘肃省生态脆弱性的空间分布及形成因素。余中元（2015）基于系统论的城市发展压力状态响应（SEE - PSR）模型构建区域脆弱性评价体系，分析了中国云南省滇池的社会—生态系统脆弱性的时空演变及驱动机制。宋永永（2016）基于地理信息系统（geographic information system, GIS）和"暴露—敏感—适应"的（vulnerability scoping diagram, VSD）模型框架，运用综合加权求和模型、脆弱度模型和障碍度模型，分析了我国宁夏回族自治区的限制开发生态区的八个县（区）的生态系统脆弱性的空间格局及影响因素。陈枫等（2018）运用"暴露—敏感—适应"的 VSD 模型从暴露度、敏感性和适应能力三个维度构建评价体系，分析甘肃省临洮县的空间脆弱性及空间变化。陈晓红等（2018）从环境、经济和社会三个维度构建评价体系，对中国黑龙江省齐齐哈尔市县域的脆弱性与协调性进行了研究。

2.3.1.3 由贫困引起的社会脆弱性

贫困地区的社会—生态系统脆弱性评价也是国内外学者的关注点，主要集中在社区居民生计脆弱性评价、贫困脆弱性评价及影响因素分析等方面。格鲁威和霍尔（Glewwe and Hall，2010）分析了宏观经济冲击下秘鲁的哪些社会经济群体最容易受到冲击，研究表明户主受教育程度高及子女数量少能够降低家庭的脆弱性，女性户主的家庭并不比男性户主的家庭更脆弱。许启发等（2016）从经济发展、社会保障和生态承载三个维度构建脆弱性评价指标体系，测度了安徽省城乡社区居民贫困脆弱性，并分析了社区居民贫困脆弱性的空间格局及影响因素。王国敏等（2017）指出，生态环境、子女教育、医疗健康、市场竞争、贫困文化等多重脆弱性构成了农户生计脆弱性，是西部农村贫困化的根本原因。宁静等（2018）指出，易地扶贫搬迁影响农户的生计资本与生计方式，降低了农户生计脆弱性。

2.3.1.4 城市社会—生态系统脆弱性研究

城市社会—生态系统评价，主要集中在城市脆弱性的评估、时空演变及影响因素三大方面。温晓金等（2016）构建了山地城市社会—生态系统脆弱性评价体系，评价了秦岭山地的商洛市的城市社会—生态系统脆弱性，研究表明，不同适应目标导向会影响城市社会—生态系统脆弱性评价结果。张梅等（2018）与安士伟等（2017）从资源、生态环境、经济和社会四个维度构建城市脆弱性评价体系，分别测度了四川省攀枝花市的脆弱性与河南省的 18 个城市的脆弱性。韩刚等（2016）从生态环境、经济环境、社会环境三个维度构建城市脆弱性评价体系，测度了兰州市的脆弱性并分析了脆弱性的时空变化及其原因，提出了兰州市应注重经济、环境、社会协调发展。李海玲等（2018）基于"暴露性—敏感性—适应能力"概念框架，采用 TOPSIS 法测度了"丝绸之路"沿线西北地区城市的脆弱性，并分析其空间分布及影响因素。徐君和李贵芳（2017）基于人—环境耦合系统脆弱性模型（AHV 框架）分析了不同时期及地域资源型城市的社会—生态系统脆弱性。

2.3.2 旅游地社会—生态系统脆弱性研究

对于旅游地社会—生态系统脆弱性的研究，主要集中在旅游地社会—生态系统脆弱性指标体系的构建与评价和社会—生态系统脆弱性影响因素两大方面。

关于旅游地社会—生态系统脆弱性指标体系的构建与评价，祖利尼等（Zurlini et al.，2004）指出，社会—生态系统脆弱性评价是旅游地的基本风险评价，主要围绕旅游地社会—生态系统恢复力进行评价。彼得罗西洛等（Petrosillo et al.，2006）引入可持续性概念模型替代了巴特勒（Butler）的生命周期模型，同时，又将脆弱性模型化为资源价值与压力的组合，进而对意大利南部萨伦托地区的旅游开发的负面影响进行了风险评估，即旅游生态系统的脆弱性评价，最后，提出了社会—生态系统的恢复力需要利益相关者密切参与的建议。在不同区域的旅游社会—生态系统的脆弱性，具有不同的表现。中文文献主要通过对旅游地及遗产地的研究，分别基于农户可持续生计（杨亮，2016）、敏感性—适应力（陈佳等，2015；代璐璐，2016）、SEE – PSR 模型（王群等，2019）、社会—生态系统脆弱性的概念（李佳，2012；胡昕，2019）构建旅游地社会—生态系统指标体系，并选择某一个或某几个旅游地进行实地调研，定量地对社会—生态系统脆弱性进行评价。

在社会—生态系统脆弱性影响因素研究中，许多文献指出，旅游活动会对地区社会—生态系统脆弱性具有一定的影响作用，这种影响既可能是积极的，也可能是消极的，不同类型的旅游开发与管理模式使得旅游地社会—生态系统的脆弱性存在差异。拉西蒂诺拉等（Lacitignolaa et al.，2007），构建了一个旅游地社会—生态系统的最小描述模型，模型以游客（T）、生态系统产品及服务质量（E）和资本（C）之间的相互作用为重点，研究表明，旅游地社会—生态系统的脆弱性根据旅游地区域的变化而变化，脆弱程度从中部地区向外围地区具有减弱趋势，中部地区的生态环境非常脆弱，而最外围地区生态环境的脆弱性相对较低。比格斯（Biggs，2011）指出，珊瑚礁旅游业容易受到气候变化、经济衰退、能源价格上涨和其他人为干扰等冲击的影响，实证检验了澳大利亚旅游企业对大扰动或冲击的感知弹性，表明旅游企业人力资本和生活方式可以增强珊瑚礁旅游业的恢复力。陈佳（2015）则指出，与以企业主导的旅游开发模式相比，政府主导下的社区共管模式有利于降低旅游地社会—生态系统的脆弱性。不同地域的旅游地社会—生态系统的脆弱性不同，与城市距离越远其脆弱性越强，大中城市边缘型旅游地社会—生态系统的脆弱度最低而边远型旅游地社会—生态系统的脆弱度最高（崔晓明，2018）。导致这一差异的原因主要体现在，不同生计类型、社会应对能力、脆弱生态环境、社会经济及产业发展基础、自然灾害、基础设施等方面（余中元等，2014；陈佳，2015；崔晓明，2018）。王群（2019）表示，不同旅游开发阶段影响旅游地社会—生态系统脆弱性的主要因素具有差异性，旅游初级开发阶段影响旅游地社会—生态系统脆弱性的主要因素是低水平的社会经济发展形态，旅游整合开发的阶段影响社会—生态系统脆弱性的主要因素是旅游开发的负面影响产生的压力。

2.3.3　研究述评

中外文文献对于旅游地社会—生态系统脆弱性的研究，主要集中在高温热浪视角下环境资源评价、水资源视角下环境脆弱性评价、区域生态脆弱性评价、贫困地区脆弱性及城市系统脆弱性评估四个方面。高温热浪视角下的脆弱性研究，揭示了不同社会特征的人群对高温热浪的承受力与响应程度，其研究主要采用了统计分析方法，导致结果对数据结构过于依赖。水资源视角下的环境脆弱性研究，主要针对区域干旱灾害、洪涝灾害提出适应性的管理意见，但是，缺乏水资源的空间配置与跨流域调控等方面的研究。区域生态脆弱性评价主要对中国典型脆弱区进行了脆弱性分析，为中国典型脆弱区降低脆弱性实现可持续发展提供了案例支持与实践经验。但是，现有区域生态脆弱性研究中对降低区域生态脆弱性的建议多是宏观建议，缺乏详细、针对性的改善措施。贫困地区脆弱性及城市系统脆弱性评估研究主要集中在城乡社区居民贫困脆弱性分析，忽视了生态环境的作用。贫困地区脆弱性及城市系统脆弱性评估研究主要以社区居民为研究对象，忽视自然环境及其变化引起的暴露，且研究模型不够完善。旅游地社会—生态系统脆弱性研究相对较少，多是基于"暴露—敏感性—恢复力"框架，分析社区旅游的脆弱性。

2.4　人地关系系统可持续发展研究

人地关系系统的研究，强调人地的相互作用（黄秉维，1996），其精髓是地域功能性、系统结构化、时空变异有序过程，以及人地关系系统效应的差异性及可调控性，其核心目标是人地关系的调控（樊杰，2018），人地关系调控促进了地域的可持续发展。

2.4.1 人地关系可持续发展

外文文献关于人地关系系统的研究相对较早，在哲学、经济学、地理学领域有着不同的理解。哲学领域主要关注人口与土地的关系，经济学领域则更加侧重于人口与经济的关系研究，在地理学领域较为关注人地关系。在人地关系系统的研究发展过程中，形成了不同的思想流派，主要有环境决定论、或然论、适应论、文化景观论、和谐论及可持续发展论等思想。环境决定论的代表人物孟德斯鸠（Montesquieu，1978）、森普尔（Semple，1973）指出，地理环境影响人的生理、心理、精神，甚至影响人类社会的法律与国家政体。或然论（可能论）是 P. V·白兰士（P. V. Blache）于 20 世纪初期在其著作《人类地理学原理》（*Principles of Human Geography*）中提出的，指出自然环境并不能完全影响人类活动，心理因素是地理环境与人类社会的中介。适应论的代表人物是美国地理学家 H. H. 巴罗斯（H. H. Barrows），适应论指出，人文地理学研究人地之间的相互关系，应该研究人对地理环境的适应（Percy M. Roxby，1917）。文化景观论由德国地理学家 C. O. 施吕特尔（C. O. Schluter，1906）最早提出，主张人地关系研究以解释文化景观为核心。美国学者索尔（Sauer，1972）提出应当从研究文化景观来分析人地关系的观点。和谐论的代表人物是塔尔科特·帕森斯、蕾切尔·卡逊和鲍丁（Talcott Parsons，Rachel Carson and Bordin）等，该理论主张人地和谐共生。近年来，人地关系系统可持续发展研究成为地理学的研究热点，并在适应论的基础上衍生出人地关系系统协调论及可持续发展论。与人地关系系统的外文文献相比，中文文献开始较晚，吴传钧（1991）在对法国人地学派、人地关系理解的基础上进行研究，指出人类活动与地理环境的关系随着人类社会的进化而变动，提出我们应正确认识人类活动与地理环境的关系。人类利用地理环境，同时，地理环境制约着人类活动的进行，人是人地关系协调中的关键因素。人地关系系统研究的中心目标是人地关系的优化与协调，其研究内容主要包括人地关系系统的相关理论研究、人地关系系统子系统作用机制分析、人地关系系统协调发展研究、人地关系系统动态仿真模型构建。

现有文献表明，人地关系系统调控与可持续发展密切相关，当前，人地关系系统可持续发展主要包括以下五个方面。

一是人地关系系统脆弱性与可持续发展，人地关系系统脆弱性研究是人地关系系统可持续发展领域的重要研究内容。特纳等（2003）基于"暴露—敏感性—恢复力"分析框架，提出了一种用于人—地耦合系统评估的脆弱性框架。张利田和呼丽娟（1998）指出，区域可持续发展是通过区域人地关系系统调控实现的，依赖于区域人地关系系统各子系统间的耦合。温琰茂等（1998）指出，人地关系系统可持续发展的研究重点在于人地关系的协调与优化，"人"与"地"两个子系统间的协调程度在很大程度上决定了人地关系系统的可持续发展，人地关系系统的优化或人地关系的调整是实现人地关系系统可持续发展的必要条件（方创琳，2003）。张卫（2000）通过对长江流域人地关系系统进行协调性分析，发现流域可持续发展的研究目标就是追求人地关系的协调，而人地关系的协调则是流域可持续发展的基石。缪磊磊和王爱民（2000）指出，城市人地关系系统可持续发展，是人地关系优化的结果。

二是人地关系系统可持续性评估。特纳等（2003）与吴（Wu，2013）指出，人地关系系统可持续性使人地关系系统能够长期而稳定地提供经济环境系统服务、社会环境系统服务和生态环境系统服务，从而维持和提高人类福祉。朱利奥等（Giulio et al.，2016）运用可持续性指数研究人地关系系统的可持续性，指出环境创新可以提高竞争力。

三是人地关系系统可持续发展模式研究，即通过对典型案例地的研究与分析，推导出该地未来的可持续发展模式。哈斯巴根等（2013）对中国陕西省宝鸡市太白县脆弱性进行分析，进而提出了休闲产业带动型的发展模式。刘凯（2017）分析了黄河三角洲人地关系系统生态脆弱性的演变过程及影响因素，并提出黄河三角洲生态脆弱型人地关系系统可持续发展的模式。

四是人地关系系统的演化机制。翟延敏（2017）研究了山东省新泰市脆弱性的作用机制，提出了产业升级改造和循环经济的可持续发展模式。马新宇（1999）指出，人地关系系统协调发展的研究即是人口—资源—环境间相互作用和变化的一般规律及其可持续发展的研究。黄鹄等（2004）指出，人地关系系统可持续发展的研究有必要探究人地关系系统各子系统间的作用机制与结构，以民勤盆地为例分析了人地关系系统的演进机制，并为人地关系系统可持续发展提出了政策建议。厉红梅（2016）探索了在协同因子与拮抗因子的共同作用下，海岸带人地关系系统可持续发展的演化。

五是人地关系系统可持续性评价，多构建评价体系对案例地进行可持续性评价。温琰茂（1998）运用模糊数学法、灰色系统理论等数学方法构建了人地关系系统可持续性综合评价体系，评价了深圳市、东莞市人地关系系统可持续发展趋势，分析得出环境质量下降和自然资源消耗过快是深圳市人地关系系统可持续性下降的主要原因。徐福英（2014）指出，人地关系协调是海岛型旅游可持续发展的实质，基于旅游对海岛人地关系的影响，构建了海岛旅游可持续发展综合评价体系。程钰（2015）以山东半岛蓝色经济区为研究对象，构建了人地关系系统可持续发展评估指标体系，运用三角模型计算了山东半岛蓝色经济区人地关系系统可持续发展趋势。刘兆德与陈素青（2004）从社会经济与资源环境两个维度构建了人地关系系统可持续发展综合评价体系，定量评估了苏锡常地区人地关系系统的可持续性。

2.4.2　研究述评

人地关系系统可持续发展的相关外文文献更倾向于人类与地理环境之间的作用和人地关系演变及分布规律，人地关系系统研究主要集中在土地利用与土地资源环境效应（Motelay-Masse et al.，2004；Dimitriou and Zacharias，2010）、人口增长与资源环境的关系（Paul Ehrlich and John Holdren，2010）、经济增长与资源环境的关系（Grossman and Krueger，1991）三大方面。研究方法趋向于综合分析方法，其中，定量研究方法主要有数理统计法、生态足迹法（Wackernagel and Rees，1996）、经济学法（Schou，2000）、系统动力学法（Li and Simonovic，2002）等。现在，多使用压力—状态—响应模型（Pressure—State—Response，PSR）、构建指标体系对人地关系系统进行可持续性评价、敏感性评价、脆弱性评价或者综合性评价。人地关系系统研究促进了社会科学与地理学的交融，体现了地理学作为交叉学科的特性，但是，应将研究目光放在人与地理环境的相互作用上。

国内人地关系系统可持续发展研究主要集中在人地关系系统与区域可持续发展的关系，不同尺度、不同时空区域的人地关系系统可持续发展研究，人地关系系统的作用机制与人地关系系统可持续性评价四大方面。人地关系系统可持续性评价侧重于分析人地关系系统的时空演化，判断其存在的问题，并预测未来可持续发展的趋势。目前的研究多侧重于评估人地关系系统可持续性的状态和能力，缺乏人地关系系统可持续发展过程的相关研究，也甚少涉及人地关系系统未来发展趋势的可持续性。早期人地关系系统的研究方法多以定性为主，近年来，中国学者通过构建评价体系定量分析人地关系系统的可持续性，但是，这些指标体系并不能综合评价人地关系系统。总之，中国人地关系系统研究缺乏深层次的理论基础，研究方法尚未成熟，可以运用现代技术综合分析人地关系系统。案例研究多以单一区域为主，缺乏多区域、不同时间的比较分析。

2.5 相关研究的启示

从上述文献可以看出，学者们对旅游的经济环境、生态环境和文化环境的干扰，旅游开发与社区协同发展，人地关系系统脆弱性及社会—生态系统可持续性等方面进行了研究，这些成果对于本书的研究提供了很好的参考价值，但是，这些文献中存在以下四点不足。

第一，学者们虽然对旅游开发的影响进行了大量研究，但是，大多集中在旅游开发对目的地经济环境、生态环境和文化环境等方面的影响。在现有文献中，对旅游经济影响的研究相对成熟，而对于旅游环境、社会文化方面影响的研究相对较少，且多为定性研究，缺乏定量的实证研究。这些旅游开发影响研究多以影响结果为研究对象，缺乏对旅游开发影响机制的研究，即缺乏对旅游开发影响目的地的过程研究。

第二，在大量社区参与旅游开发的研究中，主要集中在对社区居民感知旅游开发、社区参与旅游开发的机制与模式、相关者利益分配等方面的研究，专门针对旅游开发与社区协调发展的文献较少，且多停留在理论层面，仅有极少文献进行了旅游开发与社区协调发展的实证研究。因此，学术界应加强旅游开发与社区协调发展的内在联系及互动研究。

第三，社会—生态系统脆弱性研究，主要侧重于气候变化、水资源、贫困、区域生态系统、城市系统的脆弱性研究，旅游地社会—生态系统脆弱性研究相对较少，且主要通过引进模型或构建指标评价体系进行脆弱性评价及区域脆弱性差异分析，缺少旅游地社会—生态系统脆弱性形成机制、演变机制及响应机制的相关研究。

第四，人地关系系统可持续发展的相关研究，主要集中在人地关系系统优化与调控和可持续发展、人地关系系统可持续发展模式、人地关系系统的演化机制、人地关系系统可持续性评价四大方面，缺乏人地关系系统可持续发展过程的相关研究，也甚少涉及人地关系系统未来发展趋势的可持续性，研究应加强人地关系系统可持续发展的过程研究。

2.6 本章小结

社区与旅游的结合，并不是一种简单的旅游形式或旅游产品，而是强调社区建设与旅游开发的结合，以实现旅游目的地社区的经济效益、社会效益、环境效益的协调统一和最优化。旅游地社区生态系统表现为一种人化"生态系统"，其脆弱性、恢复力和适应性等属性是由其所依存的社会经济结构导致的，并非仅由生态环境变化造成。总体而言，旅游开发是一把"双刃剑"，一方面，旅游开发会产生诸如对社区生态系统造成破坏等不良影响；另一方面，旅游开发又会促进社区经济、生态文化的自觉性和系统结构的优化和良性发展。目前，对于旅游干扰影响机制、影响防控缺乏整体性、系统性的研究，这对社区生态系统的研究和实践带来极大的现实障碍。

第3章 相关概念及理论基础

3.1 旅游干扰的概念界定

3.1.1 干扰的概念

在《辞海》中，干扰被定义为"干预并扰乱"，指出了干扰最基本的两个特征：一是干预，说明干扰不是"体系"本身所拥有的事物；二是扰乱，说明干扰对其所介入的体系有某种程度的破坏。对干扰的研究多存在于生态学中，传统的生态学将干扰定义为能够影响生态系统中生物个体、种群、群落结构和更新演替的重要因素。怀特和皮克特（White and Pickett, 1985）指出，干扰是偶然发生的事件，具有不可预测性，是在不同空间尺度、不同时间尺度上产生的自然过程。特纳等（1989）则指出，干扰是在任何时间都可能发生的相对非连续性事件，其会造成生态系统、群落或种群结构的破坏，改变资源、养分或物理环境的适宜性。李政海等（1997）指出，干扰是阻隔原有生物系统生态过程的非连续性事件，它改变或破坏生态系统、群落或种群的组成和结构，改变生物系统的资源基础和环境状况，影响生物系统的生存与发展。魏斌等（1996）指出，干扰是能够改变景观结构或生态系统结构和生态系统功能的重要生物因素，并且，是促进种群、群落、生态系统乃至整个景观动态变化的驱动力。

因为研究对象和研究角度不同，所以，相关学者对干扰的定义也不同。无论干扰如何定义，它都强调干扰与干扰对象的结构状态与动态变化密切相关。

本书采用麦基和柯里（Mackey and Currie, 2000）对干扰所做的定义：干扰是来自生态系统外部的一种驱动力，常常是突然的且不可预测的，持续的时间通常短于两个连续干扰事件间隔的时间，能导致生物体的死亡或者严重破坏，并且改变资源的可利用性。

3.1.2　旅游干扰的概念及内涵

依据干扰的来源，可以将干扰划分为自然因素干扰和人为因素干扰，毫无疑问，旅游干扰属于人为因素干扰中的一种表现形式。旅游干扰主要是指，人类开展的旅游活动和旅游项目的开发建设对环境和生态产生的影响。目前，国内外学者并没有对旅游干扰形成统一概念，相关研究多是关于人类旅游活动对目的地生态系统，即环境、植被、土壤、种群以及物种多样性等方面的影响。20世纪80年代中国学者开始针对旅游干扰等问题进行深入研究，研究内容主要包括人类旅游活动对生态系统的干扰程度、人类旅游活动对生态系统造成的破坏性分析、生态旅游区的规划与开发等。

本书将旅游干扰视为旅游开发引起的一系列影响，更重要的是，旅游开发对当地居民社会关系、经济活动等产生的影响，是当地居民生计发展的一种有效方式。

旅游干扰属于人类干扰活动的一种，是指旅游活动的产生与发展促进旅游地社区的经济系统、社会系统及生态系统的结构、功能及服务价值发生变化，从而引起产业结构、社会关系、生态种群、景观格局及生态环境等方面的影响。

3.1.3　旅游干扰的表现形式

旅游干扰的表现形式多种多样，最常见的主要为生态环境干扰、生物干扰和景观干扰三种形式。

3.1.3.1　旅游对生态环境的干扰

旅游对生态环境的干扰主要表现在大气、土壤和水资源方面，即旅游活动的开展会造成大气污染、土壤板结、水体污染（邱膑扬等，2009）。

　　旅游对大气造成的干扰，主要来源于旅游交通、旅游方式以及旅游经营者的活动。第一，交通工具，如机动车、机动船等排放大量尾气以及车辆行驶扬起的灰尘；第二，野炊、露营等旅游方式受到游客的钟爱，但是，烧烤和篝火会产生大量烟尘，会造成大气污染；第三，旅游经营者在经营过程中未采用环保材料，而非环保材料会排放大量烟尘和有害气体。

　　旅游对土壤造成的干扰，主要来源于游客的不文明行为。道德感弱化往往会导致游客做出一些不文明行为，比如，踩踏草坪、乱扔垃圾等，游客踩踏草坪及车辆碾压是破坏土壤结构、造成土壤板结的主要原因，乱扔垃圾则是使土壤结构发生变化，影响土壤中微生物活动的主要原因。

　　旅游对水体造成的干扰主要来自旅游经营者，如一些旅游服务设施的废弃物排放、宾馆和饭店的污水排放、水上油污泄漏以及游泳划船等旅游活动的开展等，都会造成水体污染。

3.1.3.2　旅游对生物的干扰

　　在旅游开发建设过程中，极易造成大量植物损毁，毁林事件时有发生；在旅游活动开展过程中，游客直接踩踏、采摘、刻画等行为频频出现，这些行为不仅直接造成植物的伤害或死亡，也间接改变了动物和微生物的生长环境，从而对动物和微生物的生存造成威胁。例如，旅游干扰带来的大气污染、土壤板结、水体污染等改变了动植物和微生物的生存环境和生存条件，从而影响动植物的生长，严重的甚至导致植物死亡、动物灭绝。

3.1.3.3　旅游对景观的干扰

　　对于旅游区自然生态系统而言，游客属于外来侵入者，其一系列行为产生的深度干扰造成景观格局的变化，使得景观生态系统偏离常态，或偏向于低一级的稳定状态，旅游对景观的干扰主要表现在三个方面：第一，旅游活动的干扰会影响动物、植物的数量及分布，使旅游区景观格局发生变化；第二，游客穿越自然地域形成人工通道，这种通道起到景观格局中的廊道作用，将景观中的大斑块分割为多个小斑块，加深了景观格局的破碎化程度；第三，旅游活动可能直接改变某种斑块的性质，如草地因踩踏变为裸露地，原始森林因游客过度使用而变为次生林。

3.1.4　旅游干扰的特点

3.1.4.1　旅游干扰具有多重性

旅游干扰的多重性既重要又复杂，多重性即某种行为可能是多种干扰因素共同作用的结果。例如，旅游目的地草坪的退化、植被的破坏等，既可能是干旱、虫灾、火灾等自然干扰造成的，也可能是管理者管理不善、旅游者踩踏攀折造成的。又比如，文物的破坏既可能是鸟类、虫类、风雨等自然灾害造成的，也可能是开发不善、游客闪光灯拍照等干扰行为造成的。在自然系统中，不同干扰之间的相互作用已被阐明（Nina F and Caraco，1993）。旅游干扰对生态系统的影响形式和影响机制也表现为多个方面，旅游干扰的区域分布范围、频率、尺度、强度、周期等都是影响生态系统结构和生态系统功能的重要方面（魏斌等，1996）。

3.1.4.2　旅游干扰具有相对性

旅游干扰具有较强的相对性，对于同一个旅游干扰要素来说，在某种环境条件下可能会形成干扰，而在另一种环境条件下可能是生态系统的正常波动，并不会形成干扰。因此，旅游是否对生态系统形成干扰不仅取决于干扰本身，而且取决于干扰发生的客体，对干扰事件不敏感的自然体，或抗干扰能力较强的生态系统，往往在干扰发生时不会受到较大影响，这种干扰行为只能成为系统演变的自然过程。

3.1.4.3　旅游干扰具有尺度性

尺度不同，干扰现象的表现和机理会存在巨大的不同。首先，是区域尺度性，同一旅游干扰在不同区域尺度上的表现和干扰程度往往具有非常明显的区别；其次，是干扰的规模、强度和频率与时间尺度高度相关。比如，社区生态旅游因外来文化干扰发生文化变迁，以天或者星期为时间尺度单位，无法观测出变迁的趋势和规律，但是，如果以 3 ~ 5 年的时间为时间尺度单位，那么，很容易看出干扰的影响机制和影响规模等。

3.1.4.4　旅游干扰具有非协调性或非均衡性

旅游干扰通常是不协调的，常常在一个较大的景观中形成一个不协调的异质斑块，新形成的斑块具有一定大小、形状。干扰扩散的结果可能导致景观内部异质性提高，未能与原有景观格局形成一个协调的整体。这个过程会干扰景观中各种资源的可获取性和资源结构重组，最终的结果是复杂的、多方面的。干扰结果往往不是来源于单一要素的影响，一般情况下，是不同干扰要素相互影响、形成一个系统作用后表现出来的干扰结果，对这种干扰结果进行分析，往往难以分辨主要干扰因素、次要干扰因素、积极干扰因素和消极干扰因素，在分析、研究过程中，容易造成干扰因素的构成和作用机制混淆不清。

3.2　社区生态储存的概念界定

3.2.1　人地关系系统的概念内涵

人地关系系统是人地关系地域系统的简称，是地理学研究的核心和理论基石（吴传钧，1991；毛汉英，2018；樊杰，2018；刘凯等，2019），也是地球表层系统研究的核心（陆大道，2002）。学术界对人地关系系统的概念界定存在略微差异，杜尔·H.（Durr H.，1983）将其表述为人地关系系统（Man-Land System），指出人地关系系统是人口与地理构成的系统。人地关系系统概念汇总，见表 3 - 1，并进行了比较分析。

表 3 - 1　　　　　　　　　　　人地关系系统概念汇总

代表性文献	概念
吴传钧 （1991）	人地关系系统是由地理环境和人类活动两个子系统交错构成的复杂、开放的巨系统，内部具有一定的结构和功能机制。在这个巨系统中，人类社会环境和地理环境两个子系统之间的物质循环和能量转化相结合，形成了发展变化的机制。人地关系系统是以地球表层一定地域为基础的人地关系系统，即人与地在特定的地域中相互联系、相互作用而形成的一种动态结构
张远广和符清华 （1998）	人地关系系统是一个极为庞杂的自然社会—生态系统

代表性文献	概念
香宝和银山 （2000）	人地关系系统是人类与地理环境的关系系统。人地关系系统中的"地"是指地理环境，包括自然地理环境和社会环境两方面。人地关系系统是由"人"和"地"两个子系统组成的复杂的巨系统，具有开放性、层次性、自组织性、整体性等特点
杨青山和梅林 （2001）	按人地关系的经典解释，人地关系系统可理解为由人类社会及其活动的组成要素与自然环境的组成要素相互作用、相互影响而形成的统一整体，也可称为人类与自然环境相互作用系统。按人地关系的非经典解释，人地关系系统划分为人类社会生存与发展或人类活动和地理环境（广义的）两个子系统。其中，地理环境子系统，包括自然环境和人文环境两大组成部分
赵明华和韩荣青 （2004）	人地关系系统是以地球表层一定地域为基础的人地关系系统，即人与地在特定的地域中相互联系、相互作用而形成的一种动态结构，是人地关系研究的物质实体系统。本质上，人地关系系统是统一的社会—自然综合体
王晓霞和杨在军 （2006）	人地关系系统由人类子系统和地理环境子系统组成，人地关系系统与外界发生复杂的物质关系、能量关系和信息关系，其中，人类子系统是人的思想活动、政治活动、经济活动的总和，地理环境子系统是人类赖以生存的自然环境和自然资源的总和
郭晓佳等 （2010）	人地关系系统是由社会—经济—自然三个子系统复合而成的复杂巨系统
毛汉英 （2018）	人地关系系统是由人口、资源、生态、环境、经济、社会子系统构成的动态、开放的复杂巨系统，不仅各子系统之间存在相互影响、互为促进关系或制约关系，而且，系统内外部进行着频繁的人员、物资、能量、资金、技术、信息的交流，并在人地关系系统内部复杂的反馈结构作用下，呈现出明显的非线性特征和耗散结构特征

资料来源：笔者根据知网数据库的相关资料整理而得。

国内主流的"人地关系系统"概念是在法国人地关系学派所提出的人地关系的概念基础上，融入系统论思想而提出的（吴传钧，1991；陆大道和郭来喜，1998），并多为学界赞同。人地关系系统是由地理环境和人类活动两个子系统组成的复杂巨系统，是以地球表层的一定地域为基础的人地关系系统（张远广和符清华，1988；吴传钧，1991；香宝和银山，2000；王晓霞和杨在军，2006；翟瑞雪和戴尔阜，2017），尽管人地关系系统由地理环境子系统和人类活动子系统构成，但对于这两个子系统的范围界定存在争议。部分文献指出，地理环境和自然环境同义，是自然环境和自然资源的总和（杨青山和梅林，2001；王晓霞和杨在军，2006）；但也有一部分文献指出，地理环境是由自然要素和人文要素紧密组合而成的，社会、经济、文化也是地理环境的一部分（张远广和符清华，1988；吴传钧，1991；香宝和银山，2000）。学术界对于地理环境子系统范围的划分存在争议的主要原因在于，人地关系具有经典解释与非经典解释，这两种观点使得相关文献将人文环境划分到不同的子系统中（杨青山和梅林，2001）。当然，也有一些文献在人地关系系统构成上有不同观点，赵明华和韩荣青（2004）指出，人地关系系统是统一的社会—自然综合体，将其划分为人口子系统、经济子系统、社会子系统、资源子系统、环境子系统五个子系统。郭晓佳等（2010）指出，人地关系系统是由社会子系统、经济子系统、自然子系统三个子系统构成。香宝和银山（2018）在上述人地系统划分的基础上新增加了生态子系统，指出人地关系系统是由人口子系统、经济子系统、社会子系统、资源子系统、环境子系统、生态子系统等六个子系统构成。总的来说，人地关系系统概念的差异主要在于对子系统的划分存在争议，各学者对人地关系系统的组成要素达成一致，包含了人类活动及其产物以及自然环境要素，只是在类别划分上存在差异。

本书以吴传钧（1991）的概念为基础，指出："人地系统是由地理环境和人类活动两个子系统交错构成的复杂、开放的巨系统，内部具有一定的结构和功能机制。在这个巨系统中，人类活动和地理环境两个子系统之间的物质循环和能量转化相结合，形成了发展变化的机制。"各自然因素间的相互作用及人类活动的参与，使得人地关系系统极具复杂性（杨国安和甘国辉，2002；甘国辉和杨国安，2004；王成超，2010），并不断地向高层次、复杂化、网络化方向发展，最终形成高层次的有序结构（黄鹄等，2004；毛汉英，2018）。

3.2.2　社会-生态系统的概念内涵

社会—生态系统（social-ecological system）是一个跨学科的概念，既不是嵌在生态系统中的人类系统，也不是嵌在人类系统中的生态系统（Walker et al.，2006），而是社会系统与自然生态系统紧密结合的复杂适应性系统（Cumming et al.，2005；马道明，2011；徐飞亮，2011）。社会—生态系统概念汇总，见表 3-2，并进行了比较分析。

表 3 - 2   社会—生态系统概念汇总

文献	概念
马世骏和王如松（1984）	社会—生态系统是指由社会系统（social system）、经济系统（economic system）、自然系统（natural system）组成的"社会—经济—自然复合生态系统"
盖洛宾等（Gallopín et al.，2003）	社会—生态系统是由生态（或生物物理）要素及其与之相互作用的社会（或人类）要素（子系统）组成的任何系统，它可以是城市的，也可以是农村的，可以在区域不同尺度上加以界定
彭尼西（Pennisi，2003）	社会—生态系统（social-ecological system，SES）又称作人类—环境系统（human-environmental system，HES）。社会—生态系统内部包含不同子系统以及变量，是一个类似于从有机体、器官一直到细胞的多层结构
卡明等（2005）	社会—生态系统是人（社会系统）与自然（生态系统）紧密联系的复杂适应系统，受内外部因素干扰和驱动
沃克等（Walker et al.，2006）	社会—生态系统既不是嵌入在生态系统中的人类，也不是嵌入在人类系统中的生态系统，而是完全不同的东西。虽然社会关系和生态结构是可以识别的，但它们不容易被分析或被用于实际目的
奥斯特罗姆（Ostrom，2009）	社会—生态系统是由多个子系统和内部变量在多个层级上组成的，类似于由器官、组织、细胞、蛋白质等组成的有机体。社会—生态系统应包括相互作用的资源系统（resource system）、管理系统（governance system）、资源单位（resource units）、用户（users）四个核心子系统
余中元等（2014）	社会—生态系统是由人、自然、社会组成的复杂巨系统，是自然环境、经济、政治、历史、文化、治理、意识复合的巨系统，在这个系统里，任何一个要素的变化都会引起其他要素的连锁反应
陈佳等（2016）	社会—生态系统是由社会系统、经济系统和生态系统三个子系统组成的复杂系统，其复杂性体现在系统内部要素与外部干扰因素的多样性
范冬萍（2019）	社会—生态系统可理解为一个复杂适应性系统，能够产生并维持系统的层级结构，并在演化过程中能够根据规则调整系统内部结构，甚至改变规则以适应不断变化的外界环境，表现出适应性的共同进化过程

资料来源：笔者根据知网数据库整理而得。

很多文献指出，社会—生态系统主要由社会子系统、经济子系统和自然子系统三个子系统组成，是一种"社会—经济—自然复合生态系统"（马世骏和王如松，1984；余中元等，2014；范冬萍，2019），具有一定的空间界限或功能界限（Glaser et al.，2009），在内外部因素的干扰与影响下，逐渐产生有序的层级结构（Ruiz-Ballesterose，2011），系统内任一因素的变动均会引起其他因素的变动（余中元等，2014）。社会—生态系统的空间划分没有明确的标准，大到城市，小到乡村，都具有社会—生态系统（Gallopín et al.，2003）。彭尼西（2003）、奥斯特罗姆（2009）从公共管理学角度诠释社会—生态系统，指出这是一个类似由器官、组织、细胞、蛋白质等组成的有机体，具有多层结构，包含资源系统、管理系统、资源单位、用户四个核心子系统。

　　本书指出，社会—生态系统是指，社会系统、经济系统和生态系统三个子系统组成的复杂适应性系统，具有适应性和一定空间界限的复杂多层级结构。系统内部各子系统相互作用，内外部因素的改变均会引起系统变化。

3.2.3　生态系统服务的概念

　　学界对生态系统服务的概念尚未统一界定，生态系统服务概念汇总，见表3-3，并进行了比较分析。

表 3-3　　　　　　　　　　　　　生态系统服务概念汇总

文献	概念
德格鲁特（Degroot，1992）	生态系统服务是通过其自然过程和组成结构提供物品与服务，直接或间接地满足人类需求的能力
戴利（Daily，1997）	生态系统服务是自然生态系统通过维持生物多样性、提供生态系统产品以及其他许多无形功能支撑并优化人类生存的所有环境条件和过程，是生态效益的基本组成部分
科斯坦萨等（Costanza et al.，1997）	生态系统服务是通过生态系统的产品和服务，人类直接或间接获得的效益
欧阳志云（1999）	生态系统服务是指，生态系统与生态过程所形成及维持的人类赖以生存的自然环境条件与效用
联合国千年生态系统评估组（Millennium Ecosystem Assessment，2003）	生态系统服务是以自然生态系统和人造生态系统为功能源，通过物品和服务等方式有形地或无形地为人类提供的效益

　　资料来源：笔者根据知网数据库整理而得。

　　从表3-3可知，生态系统服务的界定多是基于生态学和经济学两个角度提出。德格鲁特（1992）、戴利（1997）从生态学的角度提出生态系统服务的概念，注重自然生态系统满足人类需求的过程与能力。科斯坦萨与联合国千年生态系统评估组（Millennium Ecosystem Assessment，2003）则更加注重生态系统为人类带来的效益。欧阳志云等（1999）首次从生态学与经济学融合的视角提出了生态系统服务的概念，既注重生态系统的过程与环境条件，又注重人类能够从生态系统中获取的利益。

生态系统服务的涵盖内容与类型划分也存在争议，主要有四种：戴利（1997）将生态系统服务分为物品生产过程、物品再生过程、生活满足功能及选择性维持四大类。科斯坦萨等（1997）根据生态系统服务过程，将生态系统服务分为 17 大类：气体调节、气候调节、干扰调节、水资源调节、水资源供应、侵蚀控制与泥沙保持、土壤形成、营养物循环、废物处理、授粉、生物防治、残遗种保护区、食品生产、原材料、特有资源、休养、文化。科斯坦萨等（1997）与联合国千年生态系统评估组（2003）将生态系统服务划分为供给服务、调节服务、文化服务以及支持服务。欧阳志云等（1999）将生态系统服务划分为生态系统产品与维持人类赖以生存的自然环境条件及效用两类。

在现有文献基础上，本书将生态系统服务界定为人类从社会—生态复合系统中获取的直接效益或间接效益，包括社会系统、生态系统及社会—生态系统为人类提供的各类有形产品或无形产品。

3.2.4 社区生态储存的概念及特点

3.2.4.1 社区相关概念

德国社会学家滕尼斯和卢米斯（Tönnies and Loomis，1959）在社会学研究中首次提出社区概念，表示基于血缘关系或自然情感结成的具有相同价值取向、人口同质性较强的社会共同体。该概念的前提是，基于共同地域空间并由其内部成员间相同风俗文化价值体系和地方归属感维系。第二次世界大战后，美国经验主义社会学家将"地域"的概念融入"社区"的含义中，强调社区是一种建立在一定地理区域之内的社会群体间，并基于共同的属性和价值观进行社会交互所形成的共同体。费孝通（1986）将 community 的概念引入中国，将其翻译为社区，指出在中国，村落是乡村社区的基本单元，而地域、联结及社会交往构成了社区的共同要素。随着学者们对社区的研究逐渐增多，社区的概念内涵开始出现变化，本节梳理了学界有关社区的主流概念，并对其进行了分析。

乡村社区是乡村社会的基本构成单位和空间缩影，是在乡村地域上相对稳定，结构与功能较为完整且具有一定认同感的社会空间（张文敏，2011）。乡村社区具有封闭性、同质性和血缘连接性，中国的乡村社区经历了千百年的演化和发展，是传统农业社会的遗存，能够展现传统农业社会的价值观、文化传统、生产生活方式，有丰富的历史文化资源和遗产。乡村社区按照产业发展类型，可以分为传统农业带动型、现代农业带动型、工业生产带动型、城镇化发展带动型及旅游带动型的乡村社区。本书主要研究旅游带动型的乡村社区。旅游社区是在一定地域内（行政村或自然村），由同质人口组成的相互联系的社会群体（向富华，2012）。陈志永等（2012）从地域视角界定旅游社区是一种由不同的利益相关者集聚在旅游区周围、边缘或与乡村旅游社区合为一体的村民居住区。乡村社区与旅游地在空间、生产要素、资源等方面具有高度重叠性，乡村社区居民的生产生活方式、生活空间及文化风俗等都可以凝练成旅游开发的对象，并且，乡村社区内的公共基础设施在一定程度上可以与旅游者共享，旅游的质量则取决于乡村社区提供的物质资本、自然资本、社会资本和人力资本等（Garrod et al.，2006）。

3.2.4.2 生态储存

生态储存的定义有广义和狭义之分。广义的生态储存是指，由地形地貌、土壤、岩石、水文、气候、动植物、土地利用等组成的自然生态系统和人工生态系统发生变迁所引起的能量流、物质流和信息流的流入和流出，进而导致生态系统服务功能增强或削弱的动态过程。狭义的生态储存是指，由过去、当前及未来可能的自然活动和人类活动共同决定的生态系统类型、分布、数量和质量所引起的动态生态系统变化的综合表达（Zhang et al.，2010）。生态系统服务是指，生态系统向人类直接或间接提供的各种利益的总和，主要包括实物产品（如洁净水、洁净空气等）以及在人类与生态系统进行物质交换和能量交换时产生的废弃物的处理（如可降解垃圾的分解）（R. Costanza et al.，1997；Wikipedia，2009）。

本书基于上述概念对社区生态储存内涵进行界定，社区生态储存主要指，乡村内社会—生态系统（人口、经济、基础设施和生态环境等）相互交织而发生的社区内各种利益动态变化的综合表达，狭义来看，是一种乡村社区复合生态系统内生计资本增强或减弱的动态过程。

3.3 理论基础

3.3.1 社会脆弱性理论

3.3.1.1 社会脆弱性的概念

目前，文献对社会脆弱性的认识尚未达成一致，各有侧重。例如，卡特（Cutter，1996）指出，社会脆弱性是一种可能发生的潜在损失，是灾害学中的重要概念，对社会脆弱性的研究在制定防灾减灾策略方面发挥着重要作用。阿杰（Adger，2006）指出，如果系统缺乏适应能力，当其暴露在变化的环境或者系统中时会受到不同程度的损害，对损害的敏感程度就是系统的脆弱性。但总的来说，学者们都认同社会脆弱性是系统面对自然灾害时的暴露度、敏感性及适应能力的函数，也是系统的一种内部属性。脆弱性主要分为自然脆弱性和社会脆弱性两类（贺帅等，2014）。自然脆弱性忽视了人类活动对灾害事件带来的影响，主要考虑致灾因子特有的自然物理属性。社会脆弱性更加关注人类面对灾害的方式和态度，主要考虑人类社会对于灾害的适应能力和恢复能力等属性（周杨等，2014）。随着学者对社会脆弱性的深入研究，其对社会脆弱性的概念也产生了分歧，周利敏等（2015）将现有的定义归纳为四种，即冲击论、风险论、社会关系呈现论、暴露论，通过分析总结，提出社会脆弱性是自然灾害对社会系统造成的伤害，是社会系统在灾前就具有的属性。

本节基于上述概念对社会脆弱性的内涵进行界定，社会脆弱性主要指，人类社会在面对灾害时，因缺乏适应力而表现出的损害程度。

3.3.1.2 社会脆弱性理论模型发展

1940 年学者们就开始了对社会脆弱性的探讨，希望定性衡量或者定量衡量社会在自然灾害中可受到不利影响的程度。经过多年研究和探讨，学者们提出三种经典理论模型，即风险—灾害模型（risk – hazard，RH）、压力释放模型（pressure and release，PAR）和地方脆弱性模型（hazards – of – place，HOP）（Cutter et al.，2009）。

风险—灾害模型是社会脆弱性研究的先驱，由吉伯特（Gilbert）及其学生共同提出。此模型比较关注社会系统和环境系统之间的相互影响和相互作用，主要探讨人类在自然灾害中的暴露程度为什么会增大，为什么系统脆弱性会增大，以及导致系统脆弱性增大的驱动因素是什么（White and Haas，1975）。该模型以自然灾害为中心，并没有考虑到人类社会对于脆弱性的驱动作用，反而过多关注灾害事件的物理属性，导致无法解释同等程度的灾害却造成不同程度损失的现象，因此，该模型受到了其他学者的质疑。部分学者指出，政治因素、经济因素、社会因素、人为因素等都对社会脆弱性发挥至关重要的作用，都可能造成社会脆弱性的增大。

压力释放模型在风险—灾害模型的基础上提出（Blaikie et al.，1994），弥补了风险—灾害模型的不足，明确提出了社会脆弱性的概念，指出自然灾害和社会脆弱性在风险形成中共同发挥作用。该模型的核心是，将"驱动因子—动态压力—不安全环境"的发展过程与干扰人类活动的自然灾害相互结合，从而形成灾害风险。该模型舍弃了社会系统和自然环境之间的交互作用对风险的影响，主要考虑致灾因子对社会脆弱性的作用，故其更适用于描述性分析（Cutter et al.，2009）。

地方脆弱性模型是卡特（1996）在压力释放模型的基础上提出的，弥补了压力释放模型的不足。卡特借助该模型研究了自然脆弱性和社会脆弱性之间的相互作用，并探究这种相互作用随着时间和空间的不断变化是如何演变的。该模型结合风险—灾害模型，融合政治生态学的观点，将特定区域作为一个研究单元，从自然脆弱性和社会脆弱性的角度均衡考虑自然因素和社会因素如何影响社会脆弱性。除此以外，该模型还探究了各因素之间的相互作用，提出脆弱性会受到风险、减灾措施、社会结构等因素的影响，使其结构更严谨。

3.3.2　扰沌理论

扰沌理论是赫林和冈德森（Holling and Gunderson，2002）在层次结构理论的基础上提出的。该文献指出，扰沌是一个术语，专门用来描述复杂适应性系统进化的本质，提供了跨尺度过程的联结模式，反映了适应性循环过程中层次的嵌套性（Walker et al.，2004）。每一个适应性循环既可能与上一个循环相同，也可能不同于上一个循环而表现出独特性，系统内不同等级尺度的循环通过"记忆"或"反抗"的相互作用，形成一种扰沌现象。与自组织临界理论中典型的阿贝尔沙堆模型（Abelian sandpile model）（BakP et al.，1987）相比，扰沌更能将系统运行的情况全面、完整、准确地描述出来，具有更强的普适性，在如何构建恢复力中发挥十分重要的作用。

存在于自然界中的扰沌已经给社会带来了大量变化，尽管给很多潜藏在自然界中的资源带来大量释放的机会，但系统内部的严谨结构也会丧失。在一个系统中，扰沌能够联结不同等级之间的相互作用，即扰沌能够联结低层次与高层次之间的相互作用。扰沌既能够实现低层次的创新、实验和检测，又能实现对高层次成功经验的记忆和保护，故扰沌兼具创造性和保守性。

根据扰沌理论，社会—生态系统中存在各种不同运行速度、不同尺度大小的循环，"记忆"联系通过利用运行较慢、尺度较大的循环中所储存的潜在能量和物质，促成系统更新。"反抗"联系通过引起一个适应性循环中的关键性变化而导致运行较慢、尺度较大的循环进入脆弱性阶段，从而系统恢复力发生改变。扰沌中，不同循环间的相互作用，使得系统在学习中成长。在旅游活动中，地震、海啸、金融危机、流行疾病、投资力度、政治动荡等来自自然界或人类社会的干扰会引起适应性循环的重复或改变，进而导致社会—生态系统原有结构的改变或丧失，形成扰沌现象。旅游地社会—生态系统通过"反抗"发生一定变化，包括旅游景观、应灾机制、管理水平的改变等，这些改变都源于上一个循环中留下的"记忆"财富。因此，旅游地社会—生态系统中的外界扰动，既可能来自大自然，又可能来自人类相关活动。

3.3.3 适应性循环理论

3.3.3.1 适应性循环理论提出的背景

20世纪七八十年代后，随着跨学科研究的兴起，社会—生态系统的相关研究开始引起学术界的重视和关注。有学者指出，社会—生态系统是一个复杂的系统，由自然因素、相关社会行为者、社会体制等共同形成，同时，具有一定适应性和功能界限（Glaser and Diele，2004）。自然、经济与文化是社会—生态系统中的关键资源（Redman et al.，2004），想要解决人类所面临的环境问题就必须对人与自然的关系进行重新理解和定位。生态学家赫林（1973）提出社会—生态系统是一种受到外界扰动和影响的复杂适应系统，从而引发了对社会—生态系统复杂性的研究。社会—生态系统在面对外界干扰时能够通过主动学习和积累经验来改变自身的结构以适应外界变化，当出现新的干扰时又进行新一轮适应，适应过程会一直处于不断循环往复之中。因此，赫林和冈德森（2002）便以适应性循环理论模型，描述这一动态演化过程。

3.3.3.2　适应性循环理论模型

赫林和冈德森（2002）通过对前人研究内容的分析总结，提出在时间序列上，一个社会—生态系统将依次经过开发 γ、保护 κ、释放 Ω 和重组 α 四个阶段，这四个阶段构成一个适应性循环，循环的每一个周期特征可由系统的三种属性，即潜力（potential）、连通度（connectedness）和恢复力（resilience）表达。潜力（potential）是指，系统在未来周期内会面临很多选择，选择范围的大小代表了潜力的大小，潜力越大表示系统所拥有的财富越多，潜力越小，即系统在未来面临的选择越少，所拥有的财富就越少，系统的潜力也是可以逐渐积累的。系统的财富则是生态环境因素、经济因素、社会因素、文化因素中所蕴含及体现出来的变化和创新，财富不是一成不变的，其消减或增长正如自然界中生物量的消长，又如人体内各种营养的消耗与积累，而在经济系统中，或在社会系统中，这种财富的积累相当于科技发展、技能提高，或是社会资本积累。连通度（connectedness）是系统内各个部分之间沟通的紧密程度，其衡量标准是沟通次数和沟通频率，沟通次数越多、沟通频率越高证明系统的连通度越强，又因为连通度可以表示为系统自身控制的强弱，所以，连通度越强则表示系统的自我控制能力越强。恢复力（resilience），又称为适应力或弹性，即系统对于不可控制的干扰的自我调整能力，这可以看作脆弱性的对立面，影响系统恢复力的因素往往是复杂的。比如，资产的丰度、各子系统之间联系的强弱、外界干扰的大小等。资源的积累与转化推动了系统运动，系统运动轨迹遵循着资源长时间创新以及在短时间内破碎与重组的路径，在这个过程中系统之间的连通度，系统的财富即潜力也会变化。

适应性循环的三维模型，是由潜力、连通度、恢复力组成的，三维平面之间并不是相互独立的平面，那么，在系统运行过程中，系统的潜力、连通度、恢复力均随之变化。系统转化的四个环节可以分为两个阶段，一是 γ 到 κ 的阶段，系统以生长积累为主，发展较为迟缓，恢复力作用不明显，同时，受内外部扰动因素影响较小，脆弱性较低；二是 Ω 到 α 的阶段，系统开始僵化，潜力迅速下降，恢复力回落，在遇到扰动因素时无法迅速作出判断排除干扰，但受前一阶段该系统与各要素紧密联系的惯性作用，其连通度仍维持在较高水平。值得注意的是，这两个阶段是顺序进行的，不能同时进行，即若以 Ω 阶段表示，则 α 阶段表示新的开始。适应性循环具有广泛适用性，可以用来解释和分析生态系统、社会系统等多个系统的运行，我们可以用高低两个量值来描述适应性循环系统中的三个属性，那么，根据排列组合，可以得到八种排列结果，其又可以分为两类，即正常状态和病态，病态是指，偏离适应性循环的状态。

赫林等（1973）对贫穷困境和僵化困境进行了辨识。贫困困境是一个不可持续困境，系统的资源在不可持续地消耗最终导致枯竭，这个困境的特点是，系统三个属性的特征都是低值。若对某一自然资源过分依赖，如对土地潜能过分开发，超过自身可承受能力同时缺乏适应性创新机制，则社会生态系统容易进入贫穷困境，并导致系统的最终瓦解。僵化困境是指，在系统中各部分之间联系的僵化与各部分之间的摩擦毫无弹性。在社会政治系统中，如果仅仅依靠强制性的命令—控制方式来管理系统，那么，系统中各个部分会进一步扩大自身的权力和利益，而僵化困境的特点就是低潜能、高连通度和高恢复力。

3.3.3.3 适应性循环理论分析旅游地社会—生态系统

在以赫林等为首的恢复力联盟提出的适应性循环理论对社会—生态系统的动态机制进行描述和分析中，提出社会—生态系统将依次经过开发（γ）、保护（κ）、释放（Ω）和更新（α）四个阶段，构成一个适应性循环（Walker et al.，2004）。开发（γ）阶段和保护（κ）阶段属于前向循环，在系统初期的增长阶段发展相对较慢，暴露性和敏感性都较小，脆弱性影响较小，同时，因为系统增长的变化，所以，系统稳定性较低，系统恢复力也比较有限。然而，当越来越多的资源注入不断膨胀的系统内，社会资本和经济资本逐渐积累，在系统开发后期，系统脆弱性与发展同步增长，同时系统恢复力增强。在保护阶段，资源快速积累，系统快速膨胀，系统连接性和系统结构变得更加复杂。在脆弱性和系统恢复力同时增长的情况下，系统网络达到暂时的动态平衡，系统处于保护与稳定发展阶段。对于旅游而言，旅游目的地往往因新的吸引物而被开发，又产生新的公共行政管理机构、基础设施、服务设施等，一方面，服务于旅游业发展的需要；另一方面，也起着保护旅游目的地的作用。但在这一阶段，产生了系统问题，诸如环境恶化、社会矛盾、经济不稳定等（王群等，2016），这些问题是隐性的，不易察觉的。当系统在开发过程中意识到这些问题后，往往转入保护阶段，注重开发与保护并举，提高旅游开发质量。释放（Ω）阶段和更新（α）阶段属于后向循环，因为系统僵硬的、格式化增长，系统应对意外事件时会逐渐失去活力和弹性，所以，当系统再次面对危机和干扰时，增长的脆弱性会击毁系统的恢复力，原本紧密的、可控制的系统将开始松散，积累的资本在受到冲击后也会逐渐减少，系统恢复力继续下降，最后，进入更新阶段。系统恢复力无限地下降，最终会促使系统重构，然而，如果系统保持其多样的特征，恢复力也许会增长，创新机会也许会表现出来，即创新性破坏，一方面，会抵消脆弱性的影响；另一方面，也许会转移到一个新的特征，回到开发阶段。但是，适应性循环是一个开放的系统，没有必要在经历干扰后回归到原来的状态，系统可能因过低的恢复力进入另一个循环发展圈。特别是对于旅游地而言，旅游快速扩张导致移民增加，外来物种增加，保护机构、使用者群体、当地管理机构等冲突不断增大，系统将要承受的压力与积累的成果释放出来，有可能为新阶段的产生或者新阶段的更新奠定基础。但受外界因素影响，变化可能具有突发性、意外性，其结果可能向更高一级的阶段更新，也有可能是崩溃。因为受多种因素干扰，所以，系统并不一定总是沿着四个阶段发展，也可能会出现贫穷陷阱、僵化陷阱、锁定陷阱及未知陷阱四种病态。适应性循环阶段及其循环性质与巴特勒旅游地生命周期模型相似，但生命周期理论主要侧重于经济方面，且没有考虑衰退阶段之后再组织的可能性，而适应性循环理论更明确地阐述了系统在释放阶段后将发生什么，表示为一个复杂性系统的基本单元。同时，它使用恢复力代替游客人数，有助于解释旅游地的演化过程。国外对适应性循环在旅游研究中的运用已取得了一定成果。例如，赫林等（1973）指出，旅游系统在适应性循环中的位置与其稳定性相关，即与当前发生影响的持久性相关，系统在适应性循环的每个阶段，时间并不是均等的，简单的旅游生态脆弱性模型与适应性循环模型是一致的。彼得罗西洛等（2006）通过脆弱性模型评估，确定了案例地社会—生态系统在适应性循环模型中的空间明确分布。斯特里克兰—蒙罗等（Strickland–Munro et al.，2009）通过系统恢复力评估，用适应性循环理论判断旅游系统所处的发展阶段。布拉姆韦尔等（Bramwell et al.，2009）也运用适应性循环理论，讨论了经济衰退所体现的旅游历史模式的繁荣与萧条。艾玛等（Emma et al.，2009）对斯里兰卡、泰国旅游目的地的恢复力进行研究，证实了循环圈的存在。在中文文献中，王俊等（2008）基于社会—生态系统适应性循环模型，根据系统关键变量，分析了黄土高原上的农村社会—生态系统适应性循环的演变机制。张向龙（2009）采用关键变量辨识法，对甘肃省兰州市榆中县的适应性循环过程进行了分析。陈娅玲（2013）利用系统恢复力测度结果，划分了秦岭地区旅游地社会—生态系统适应性循环过程。适应性循环理论更好地解释了许多旅游地的非线性发展，系统由一个循环圈进入另一个循环圈并不一定代表系统不可持续。适应性循环圈及内部各阶段判定的主要依据，有系统潜力、系统连通度、系统恢复力和关键变量等。

3.3.4 可持续生计理论

3.3.4.1 对于生计概念的界定

学者们在可持续生计研究中，对于生计概念的界定尚未达成一致。因为学者的专业背景、研究旨趣以及研究目的的差异，所以，对于此关键概念的界定也有所不同。有的文献研究农村生计多样化，给出生计的定义是，"生计包括资产（自然资产、物质资产、人力资产、金融资产和社会资产）、行动和获得这些资产的途径（受到制度和社会关系的调节），这一切决定了个人生存或农户生存所需资源的获取"（Ellis，2000）。而有的文献指出，维持生计最为重要，认为"生计由生活所需要的能力、资产（包括物质资源和社会资源）以及行动组成。"从目前来看，普遍认同的对于生计的界定是，生计是包括能力、资产以及一种生活方式所需要的活动（苏芳等，2009）。进一步研究生计概念以及研究生计实践的途径为研究者提供了一种观察和研究农村扶贫、环境保护等农村发展问题的新视角，对研究人员来说，利用这个视角研究和解决上述问题，需要先通过创建生计分析框架来表达思想。

3.3.4.2　可持续生计理论的提出

在学术界，对于可持续生计的研究起源于 20 世纪 80 年代，此后十余年间逐渐流行并发展起来。1987 年，世界环境与发展委员会（WCED）的顾问小组最早正式提出了可持续生计的概念，钱伯斯和康威（Chambers and Conway，1992）提出可持续生计的定义："生计包含谋生所需的能力、资产（包括有形的储备物和资源，无形的要求权和享有权）和活动，当生计能够应对压力和冲击并从中恢复，能够保持或加强造福自身和子孙后代的生计能力，同时，不对自然资源基础造成损害时，就是可持续的，无论在本地范围内还是在全球范围内，无论长期还是短期，都为其他生计贡献净效益。"20 世纪 90 年代末期，可持续生计研究主要关注具有解释作用的分析，斯库恩斯（Scoones，2009）和斯莫尔（Small，2007）指出，侧重于生计资产及其构成的研究是可持续生计及其相关研究的一个重要途径，且应该与当时主流的经济学思想进行广泛的学术交流。法灵顿·J. 等（1999）指出，大多数生计方法通常被当作"一种可以更好掌握生计复杂性、理解生计方法对贫困的影响，以及识别如何采取合适的干预措施的方法"，之后，可持续生计方法也被广泛地应用于发展问题和全球变化问题中的人文维度。埃利斯·F.（Ellis F.，2000）指出，无论是作为一个整体框架来研究，还是针对某一特定问题、特定部门或特定区域，可持续生计分析框架被广泛应用于研究五个方面的科学问题：（1）以维持生计为目标的个人或者社区生计努力的途径和轨迹变化；（2）资源与环境保护对周边地区农户可持续生计的影响；（3）相关政策与服务对农村社区的影响；（4）引进新的生计活动对于提升社区发展的潜力；（5）农村社区居民如何使用天气信息和气候信息来解决气候变化及不稳定性问题。

概念的界定，往往是为方法的操作做铺垫。在认同钱伯斯和康威（1992）所提概念的基础上，很多国家、国际机构以及非政府组织（NGO）都开发了可持续生计的方法并进行了实践，而在理论研究中用得最多的是 1999 年英国国际发展部（DFID，2000）建立的可持续生计框架，该框架描述了在特定的脆弱性背景下，贫困户用以维持生计的五类资本，探讨了如何通过结构转变和过程转变，采取适当的生计策略，最终实现合理的生计输出。该框架从系统的角度揭示了生计概念的本质，也指出了根除贫困的潜在机会，以及如何利用生计资本和生计策略追求期望的生计结果。在对贫困性质进行理论研究的基础上，把研究工作规范化，使之成为一套单独的、可共享的发展规划方法，同时，它连接了生计资产、生计活动、生计结果、影响生计渠道的因素等众多社会经济成分，被认为是分析生计的合适工具。

这个框架有两点独到之处：一是它为贫困研究和生计发展提供重要问题的核对清单，并概括这些问题之间的联系；二是它提醒人们把注意力放在关键过程上，强调影响农户生计不同因素之间多重性的互动作用。这个框架是以人为中心的，不是以一种线性的方式来分析的，也不是要提供一个现实的模型，它所确定的增加贫困农户生计可持续性的目标或手段包括：改进贫困农户拥有高质量的教育、信息、技术、培训和医疗卫生服务；营造更支持、更关心贫困农户平等的社会环境，使他们使用自然资源的权利或机会更为安全、稳定，并能更好地管理资源；为农户提供有保障的资金来源和资金渠道；政策与制度环境能够支持多样化的农户生计策略，使其平等地享用市场销售条件（Carney，1998）。

3.3.4.3 对可持续生计的研究

对可持续生计的研究，主要包括利用可持续生计整体框架（SLA 分析框架）进行问题分析，以及针对可持续生计框架的五个部分（脆弱性背景、生计资本、结构转变和过程转变、生计策略、生计输出）中的一个或多个方面进行理论与实践探究。

在利用可持续生计整体框架进行分析方面，因为可持续生计框架有较强的弹性和适应性，其整体的脉络结构和逻辑演进较好把握，所以，能有效地方便学者借鉴该整体框架进一步研究。例如，张耀文和郭晓鸣（2019）利用可持续性分析框架，分析了中国反贫困成效可持续性的隐忧并围绕生计环境、生计资本、组织机构和程序规则、生计选择、生计后续扶持等方面，构建反贫困的长效机制。潘国臣和李雪（2016）引入可持续生计分析框架，研究脱贫的关键要素及其风险管理，其中，可持续性分析框架重点分析了生计资产方面和生计策略方面存在的主要风险及危害、现行的风险管理措施及效果。在此基础上，探讨保险在扶贫风险管理中的作用。最后，从政府和保险公司两个角度探讨了推动保险扶贫的体制和机制创新思路。高功敬（2016）指出，中国城市贫困群体面临多重脆弱性环境，这一复杂状况必然要求城市的反贫困理念及实践向可持续性目标转变，然后，根据可持续生计的原则，又提出了构建中国城市贫困家庭可持续生计框架必须遵循的四大政策路径。

第一，在脆弱性背景方面，脆弱性背景是指农户生存的外部环境，而这些外部环境具有不可把控性，主要包括自然环境、经济环境、政策环境、文化环境等。对于脆弱性方面的研究，主要集中在脆弱性环境带来的风险、农户应对风险的措施，以及农户对脆弱性环境的适应性。冯娇等（2018）基于可持续生计分析框架对甘肃省岷县坪上村的贫困农户进行脆弱性分析，以风险—生计资本—适应能力为路径构建贫困农户的脆弱性评价指标，分析收入、教育水平、户主年龄及生计资本等因素对农户生计和脆弱性的影响，结果表明，农户的自然灾害风险指标越高，对风险的适应能力越弱，农户脆弱性与收入水平、教育水平越负相关等结论。胡原和曾维忠（2019）研究发现，稳定脱贫包含经济层面、能力层面和风险层面的科学内涵，但现阶段稳定脱贫面临三大现实困境：经济困境、能力困境和风险困境，指出实施脱贫攻坚亟须重构致富信心与后续帮扶机制、重构动力激发与能力提升机制、重构敏捷管理与返贫治理机制。梁爽等（2019）基于脆弱性研究框架，通过对我国西北地区典型城镇社区居民生计进行实证研究，借助持续生计框架和脆弱性评估框架，对 2016 年西北地区城镇社区居民生计脆弱性指数进行评估，并对其主要影响因素进行鉴别，得出西北小城镇纯农型社区居民生计脆弱性指数最高，农业主导型社区居民次之，继而为非农主导型社区居民，非农型社区居民最低，且人均收入和非农就业比重对非农型社区居民和非农主导型社区居民的生计脆弱性有较显著的影响。

第二，在生计资本方面，生计资本是农户抵御风险的资本，也是生计输出的必要前提。对生计资产的研究热度较高，通过对生计资本的五个要素即人力资本、自然资本、社会资本、金融资本、物质资本的梳理，明确农户的薄弱资本，辨析薄弱资本匮乏的原因，有针对性地提出丰富资产的策略，帮助农户更好地实现可持续性发展。杨云彦和赵峰（2009）借助可持续生计分析框架，利用"南水北调"工程的实地调查数据，对库区农户生计资本现状进行实证分析，发现库区农户生计资本整体脆弱，社会融合程度低，应借助移民开发政策与生态补偿机制实现生计资本优化转型。廖启湖等（2019）运用多元 Probit 回归模型从家庭结构视角分析了生计资本对退养农户生态补偿选择倾向的影响，结果表明：退养农户对于生态补偿的优先选择顺序为就业补偿→技能补偿→资金补偿，在不同家庭结构下，生计资本对退养农户生态补偿选择倾向的影响存在明显差异。刘俊等（2019）以四川省海螺沟景区为案例地，构建了适用的生计资本评估指标体系，得出了实施均衡兼收型策略和旅游主营型策略农户的生计资本水平最高，而传统务农型农户和务工型农户的生计资本水平最低的结论。赵立娟等（2019）构建了土地转出视阈下农户生计资本测度的指标体系，利用 CFPS 的微观调查数据，运用统计分析和不相关回归模型，分析农地转出户与农地非转出户的生计资本状况，探讨农户生计资本的影响因素，结果表明，两类家庭的生计资本水平总体均不太高，农地转出户的生计资本总值略小于农地非转出户，并在结论基础上给出了相关政策建议。

第三，在政策、机构和过程方面，于可持续生计分析框架中，"政策、机构和过程"是指，影响人们生计的制度、组织、政策以及相关法律规范等。在我国，随着可持续发展战略的实施，集约化发展理念的践行，对于环境保护的力度也越来越大。近几年，在政策领域，中国出台了一系列环保政策。这些政策措施的出台，对中国生态环境保护与生态系统的恢复意义重大，但这些政策措施也不可避免地影响了农户的生计。在学术领域，相关学者探讨了退耕还林还草、禁牧、禁渔等措施对农户生计的影响。如韦惠兰和白雪（2019）对现有文献进行梳理，探讨了退耕还林政策对农户生计策略的影响机制，发现退耕还林政策通过土地利用结构、生计非农化和收入结构多样化等措施作用于农户生计策略的选择范围、调整方向与程度及其可持续性。陈传明和侯雨峰（2019）基于国内外相关文献，从生态保护对当地社区居民生计资本的影响、生态保护对当地社区居民生计策略的影响和生态保护对当地社区居民生计结果的影响等方面，对国内外生态保护对于社区居民生计的影响进行系统归纳、总结。

第四，生计策略与生计输出两方面，生计策略是指，为了实现生计目标或者生计输出，农户对自身生计资本进行组合和使用的方式和路径。目前，国内研究多集中于当前复杂的社会经济环境下，农户为了维持生计，而对生计策略进行调整，以及生计策略调整之后对于农户生计资本以及生计输出的影响。例如，胡晗等（2018）利用入户调查数据，运用定性方法与定量方法估计产业扶贫政策对贫困户生计策略选择及家庭收入的影响，得出了产业扶贫政策在帮助贫困户增收、脱贫方面效果良好，贫困户在该政策引导下将时间更多地分配给农业种植、畜禽养殖活动，同时，也减少了外出务工的时间，即生计模式向农业转移的结论。甘宇和胡小平（2019）通过对我国三峡库区返乡创业农民工家庭进行研究，分析了可能对其生计策略转换产生影响的生计资本要素，发现家庭年总收入、合适的创业场地显著正向影响返乡创业农民工生计策略的转换。刘精慧和薛东前（2019）选取受退耕还林、封山禁牧等环境保护政策影响的农户，对其生计资本进行测量，探讨农户生计资本与生计策略的关系，得出了在当今环境下，当地农户的主要生计策略仍然是外地兼农型生计策略。袁东波等（2019）研究了在土地流转过程中，农户的生计策略选择变化，构建了七维生计资本量化指标体系，通过实证研究分析了七大生计资本分化特征及其对农户生计策略的影响规律。

第4章　旅游干扰下社区居民生计模式的动态响应研究

——基于生态服务依赖与生计福祉的双向耦合模型

　　旅游的蓬勃发展在促进新农村建设、推动农业发展、提高农民福祉方面发挥着不可或缺的作用。旅游的发展离不开社区，旅游发展所依赖的资源要素取决于社区的生态储存，社区原有的基础条件在很大程度上决定了旅游的发展质量及发展高度（Garrod et al.，2006）。社区原有的人地关系将会随着旅游的开发被打破，重构人地生态系统服务结构，则表现为乡村社区生态储存的动态变迁过程。一方面，旅游开发营造生态适宜的旅游环境以吸引游客，促进乡村社区经济产业结构的调整与升级，社区居民生计策略改善，增加社区居民生计资本，有利于社区社会—生态系统服务的均衡与协同发展；另一方面，旅游开发的深入及大量外部人口的涌入给社区社会—生态系统带来巨大压力，导致社区生态资源、原生文化价值、人际关系失衡，因此，旅游开发对社区社会—生态系统具有正负双向干扰作用。

　　社区社会—生态系统服务作为连接旅游地社会—自然—生态系统的纽带，能够反映出从社区社会—生态系统中获得的价值，将生态系统服务与福祉结合起来研究，已成为近年来中外文文献探讨的热门问题。生态系统服务研究的最终目标是提高人类福祉（Yang et al.，2015），生态系统服务是人类福祉提升的重要影响因素，为人类社会可持续发展提供各种服务与产品，包括17种类型，23个子类（Costanza et al.，1997；Costanza et al.，2014）。目前，应用最广的分类法则是2005年联合国千年生态系统评估（MA）方法，将生态系统服务概括为供给服务、调节服务、支持服务及文化服务四种类型。在生态系统服务中，自然资本为人类的生存与发展提供资源与环境基础（傅伯杰等，

2009），人类依赖生态系统服务调整生计策略和生计资本，从而提升整体福祉水平。同时，人类福祉状况的变化会影响社区居民利用、消费自然资本的强度，导致生态系统服务功能与服务价值发生变化（Butler et al.，2021），社区居民的环境保护意识对福祉的提升具有重要的意义（王国平，2010）。现有文献从福祉的角度研究生态系统在不同时空下的结构与功能、生态服务价值的评价、生态服务空间功能的转变与关联等（Eigenbrod et al.，2010；Martínez-Harms et al.，2012；Fu et al.，2013；Bagstad et al.，2013）。

　　旅游产业发展是实现乡村振兴战略和蓝图的关键一环。旅游是扩大农民就业、增加农民收入的"富民工程"，可有效地解决"三农"问题并推动乡村转型（陆林等，2019）。然而，不可否认的是，旅游开发对农村地区的自然环境、经济发展、社会变迁产生了较大扰动。当前，关于旅游的研究大多基于过程视角，探讨旅游开发对目的地经济、环境、社会文化、农户生计和社区生态系统（王祺等，2014；张慧强，2019；崔晓明等，2017；李萱等，2021）等方面产生的影响。还有一部分文献基于结果视角，提出旅游干扰的概念，界定旅游干扰为人类开展的旅游活动与旅游项目的开发建设对旅游地生态系统产生的外部扰动因素。目前，关于旅游干扰的研究，侧重于分析旅游活动如何影响区域生态系统内部的动植物种群、土壤等要素，导致区域土地利用/覆被变化和生态格局演化（伍艳，2016），较少将旅游干扰与民生福祉、生态服务价值作为整体进行分析。

　　乡村社区作为旅游的重要载体，是一个复杂的社会—生态系统。随着旅游活动的开展，社区复合生态系统将会产生土地使用结构的改变、产业结构的升级、文化与消费习惯转变、生态环境改变、人流集聚和物流集聚等一系列演化及影响。同时，乡村社区生态系统也是社区居民赖以生存繁衍的自然基底和支撑系统，旅游开发可以提高社区居民生计资本、丰富生计策略及改善生活环境等。然而，旅游业的肆意开发也会给社区复合生态系统带来压力，当旅游负向干扰强度超过了生态系统服务承载的阈值时，生态系统会呈现脆弱性演变、乡村社区生态服务功能失衡演变。因此，如何破解旅游干扰下的社区生态系统脆弱性演变的困境，实现社区生态系统服务功能可持续平衡发展与社区居民福祉提升的双重目标，不仅要研究旅游干扰对社区生态系统服务功能的影响，还需从微观社区居民视角评估旅游干扰下的生计福祉效应，将社区居民对生态系统服务价值依赖与福祉相连接划分社区居民生计响应状态。

在旅游扶贫不断深入推进资源型地区转型发展的过程中，本章选取河南省栾川县十个典型旅游型行政村（包含不同强度的旅游干扰及不同旅游开发类型）进行实证研究，从微观层面分析旅游干扰对社区居民生计状态的影响，以期为旅游开发和乡村社区发展提供理论依据和政策建议。首先，对典型旅游型行政村的农户进行问卷评估及半结构性访谈，运用模糊综合评价法测度农户的福祉水平；其次，整合与量化农户从社区社会—生态系统中获取的收益，计算农户生态系统服务依赖指数（IDES 指数）；再次，划分社区居民"生态依赖—生计福祉"耦合模式，对可持续生计框架进行改进，构建旅游干扰下社区居民"生态依赖—生计福祉"的耦合模式分析框架；最后，采用多元无序回归模型（multinomial logistic regression），探讨微观视角下旅游干扰对社区居民生计响应状态的影响。

4.1 研究设计

4.1.1 研究区域概况

本章所选案例地为河南省洛阳市栾川县伏牛山地区的十个旅游型行政村。案例地在旅游开发程度、旅游资源禀赋、旅游开发运营、社区参与模式及旅游拉动脱贫效益等方面存在显著差异；且在旅游开发时间上呈现出旅游的动态发展过程。

栾川县位于河南省西部，素有"洛阳后花园"和"洛阳南大门"的美誉。栾川县总面积 2 477 平方千米，现辖 12 镇 2 乡 1 个管委会、213 个行政村，总人口 35 万，其中农业人口 29.9 万（截至 2021 年 8 月）。[①][②] 栾川县有丰富的森林资源、矿产资源；因为山地居多，人均耕地少，所以，栾川县目前以特色农业为主导产业；栾川县依托伏牛山，旅游资源丰富，是首批中国旅游强县。

---

① 洛阳市人民政府. 洛阳市第七次全国人口普查公报 [EB/OL]. (2021-06-08) https://www.ly.gov.cn/html/1/m/2/64/469/10941829.html。

② 河南省人民政府. 河南省 6 市行政区划有变更 [EB/OL]. (2021-10-29). https://www.henan.gov.cn/2021/10-29/2337036.html。

其独有的"旅游引领、融合发展、产业集聚、全景栾川"旅游开发模式,被国家旅游局确定为全域旅游开发的五种模式之一。[①]

4.1.2　数据来源

研究数据主要来源于 2019 年的《河南统计年鉴》《栾川县国民经济与社会发展统计公报》《洛阳市国民经济和社会发展统计公报》《洛阳市生态环境状况公报》《洛阳市人民政府工作报告》及中国家庭追踪调查(CFPS)数据库等,部分数据根据实地考察、村委会深度访谈及入户问卷调查等方式获得。课题组对河南省栾川县 10 个旅游型行政村的农户实施专项调查,问卷采用李克特五级量表法来说明各项指标的发展情况,并运用熵值法对各项指标进行权重处理。

本次数据收集分为前期预调研和正式调研两个阶段,课题组基于样本类型多样性及空间布点均衡的抽样原则,整体考虑各个样本的区位条件、旅游开发程度及方式、资源状况、风貌特征等,从栾川县抽取 10 个旅游型行政村,结合村庄地理特征及农户调研问卷展开实地调研工作。于 2019 年 6 月对 10 个旅游型行政村的旅游开发状况进行为期两周的预调研,调查对象为课题组随机走访的部分农户。预调研结果显示,村干部对本村旅游的发展历程最为了解,包括政府、旅游公司所充当的角色和农户的态度。根据预调研情况对问卷进行修改和完善后,课题组于 2019 年 8 ~ 10 月在旅游型行政村进行了正式调研。本阶段的访谈仅面向知情的村干部(主要是村支书和村主任),对政府旅游负责人、旅游公司负责人进行电话补充访谈。考虑到农户的文化程度和问卷的专业性,课题组采用的是一问一答的方式进行问卷调研,对一些专业性问题进行通俗化解释,对个别文化水平较低无法填写问卷的调查对象采用代写问卷的方式。本次调研共发放问卷 1 750 份,其中有效问卷 1 658 份,有效率为94.7%。根据乡村社区旅游干扰强度的差异性,受低强度旅游干扰的社区有效样本数为 612 份,受中高强度旅游干扰的社区有效样本数为 1 046 份,调查地农户家庭特征基本数据。

---

① 栾川模式:县域旅游发展的创新之路[N]. (2012-10-30). http://newpaper. dahe. cn/hnrb/html/2012－10/30/content_ 803147. html.

4.1.3　研究方法

4.1.3.1　熵值法

在权重计算方面，为避免主观确定权重产生较大误差，参考崔晓明和杨新军（2018）的研究，选用客观赋值法中的熵权法。具体计算过程如下：

第一步，构建指标评价矩阵 E'：

$$E' = (e'_{ij})_{n \times m} \tag{4-1}$$

在式（4-1）中，e'_{ij} 为第 j 个指标下、第 i 个农户的评价值。

第二步，对指标评价矩阵 E' 作标准化处理，得到 E：

$$E = (e_{ij})_{n \times m} \tag{4-2}$$

则 $e_{ij} \in [0, 1]$，其中，标准化处理得出：

$$e_{ij} = \frac{e'_{ij} - \{e'_{ijmin}\}}{\{e'_{ijmax}\} - \{e'_{ijmin}\}} \tag{4-3}$$

第三步，计算第 j 个指标下、第 i 个农户评价的比重 g_{ij}：

$$g_{ij} = e_{ij} / \sum_{i=1}^{m} e_{ij} \tag{4-4}$$

第四步，计算第 j 个指标的熵值 h_j：

$$h_j = -k \sum_{i=1}^{m} g_{ij} \times \ln g_{ij} \tag{4-5}$$

在式（4-5）中，

$$k = 1 / \ln m \tag{4-6}$$

第五步，计算各维度中第 j 个指标的熵权：

$$w_j = (1 - h_j) / \sum_{j=1}^{n} (1 - h_j) \tag{4-7}$$

4.1.3.2　无序多分类 Logistic 回归模型

无序多分类 Logistic 回归模型是以主体行为随机效用为理论基础，即反映主体效用最大化的行为选择原则（Daniel L. McFadden, 1974）。因此，本书综合考虑社会制度、农户理性行为意图、社区资源状况构建无序多分类 Logistic 回归模型，解释农户生计适应性响应选择的影响机理。将农户生计适应性响应模式选择概率作为被解释变量，对旅游干扰下的影响因素进行回归，建立标准化无序多分类 Logistic 回归模型，见式（4 - 8）：

$$P\ (Y = i)\ = \frac{e^{\beta_i x_j}}{1 + \sum\limits_{i=1}^{4} e^{\beta_i x_j}} \tag{4 - 8}$$

在式（4 - 8）中，i 表示 4 类农户生计适应性响应模式，$i \in$（1 = H - H、2 = L - H、3 = L - L、4 = H - L）。P（Y = i）表示农户选择第 i 种农户生计适应性响应模式的概率，x 为解释变量表示旅游干扰下的影响因素；β_i 表示选择结果 i 的待估计系数。

以模式 1：H - H 为基础变量与其他类型的生计响应模式进行比较，对式（4 - 8）变换得出的模式 i 的选择与模式 1 的选择相对比的自然对数，具体见式（4 - 9）：

$$\ln \left[P_{y=i'}/P_{y=1} \right]\ = \alpha_{i'} + \sum_{j=1}^{n} \beta_{i'j} x_j \tag{4 - 9}$$

在式（4 - 9）中，$i' \in$（2 = L - H；3 = L - L；4 = H - L），即构建模型（Ⅰ）、模型（Ⅱ）及模型（Ⅲ）三类情境进行回归分析，其中，模型（Ⅰ）$_{i'=2}$ 表示 L - H 以 H - H 作为参照类、模型（Ⅱ）$_{i'=3}$ 表示 L - L 以 H - H 作为参照类、模型（Ⅲ）$_{i'=4}$ 表示 H - L 以 H - H 作为参照类。

4.1.4　数据指标及测算

4.1.4.1　社区居民福祉指数

基于《千年生态系统评估报告》，社区居民福祉主要反映人们在物质、精神和健康方面的追求，萨默斯等（Summers et al. ，2012）指出，社区居民福祉反映出社区居民生活幸福、物质满足、精神向上、身体健康的一种状态，同时心理学、社会学、经济学都从不同的侧面描绘这种生活状态。社区居民生计资本主要指人们在自然、物质、社会、金融及人力五个方面的资本存量及形成的生计能力（DFID，1999），在一定程度上可以反映社区居民福祉的基本需求状况，因此，本章站在福利经济学的角度，考虑数据的可获得性，通过社区居民生计资本的评价反映个体在现有生活状态下的福祉水平。

依据英国国际发展署（Department for International Development，DFID）创立的可持续生计分析框架中五大生计资本和中国家庭追踪调查数据库（CFPS）

中的农户生计特征，参照伍艳（2016）对于农户生计资本指标量化的研究成果，本章构建了社区居民福祉评价指标体系，见表4-1。包含自然资本福祉、人力资本福祉、社会资本福祉、认知资本福祉、物质资本福祉及金融资本福祉六方面。

表4-1　　　　　　　　社区居民福祉评价指标体系

系统层面	准则层面	指标层面	指标释义与影响性质	权重
社区居民福祉	自然资本福祉	人均耕地面积	农户人均占有耕地面积取对数	0.520
		人均林地面积	农户人均占有林地面积取对数	0.481
	人力资本福祉	家庭劳动力	0~6岁学龄前儿童=0，7~13岁青少年=1，14~17岁青少年=3，18~24岁成年人=4，25~60岁成年人=5，60~75岁老年人=2，75岁以上的老年人=0	0.622
		健康状况	非常健康=5，很健康=4，比较健康=3，一般=2，不健康=1	0.182
		受教育程度	家庭中16岁以上成员最高学历。大学本科及以上=5，大专=4，高中/中专/技校=3，初中=2，小学=1，文盲=0	0.196
	社会资本福祉	邻里关系	关系很紧张=1，关系有些紧张=2，关系一般=3，比较和睦=4，非常和睦=5	0.568
		家庭社会地位	非常高=5，比较高=4，一般=3，比较低=2，非常低=1	0.432
	认知资本福祉	旅游参与积极性	非常高=5，比较高=4，一般=3，比较低=2，非常低=1	0.395
		生态保护意识	非常高=5，比较高=4，一般=3，比较低=2，非常低=1	0.615
社区居民福祉	物质资本福祉	经营性资产丰富度	家庭所拥有经营性资产（农用耐用品）价值取对数	0.177
		房屋价值	家庭拥有房屋价值取对数	0.823
		家庭年收入	家庭年收入取对数	0.585
	金融资本福祉	获得贷款的能力	非常高=5，比较高=4，一般=3，比较低=2，非常低=1	0.254
		获得补贴的能力	非常高=5，比较高=4，一般=3，比较低=2，非常低=1	0.171

资料来源：笔者根据知网数据库相关文献整理而得。

利用熵值法获得各项指标的权重后，再根据各项指标的标准化值和权重，构成加权标准模型，见式（4－10）。

$$RWB_i = \sum_{j=1}^{n} w_{ij} z_{ij} \qquad (4-10)$$

在式（4－10）中，RWB_i 为第 i 类指标资本值；w_{ij} 为第 i 类指标资本、第 j 项指标的权重；z_{ij} 为第 i 类生计资本、第 j 项指标的标准化值，$z_{ij} = \dfrac{x_{ij} - \min \{x_{ij}\}}{\max \{x_{ij}\} - \min \{x_{ij}\}}$。

4.1.4.2　生态系统服务依赖指数

生态系统服务依赖指数（IDES 指数）是衡量社区生态系统保护情况的指标，包括 IDES 总指数及三类子指数。其中，IDES 指数为社区居民从生态系统服务中获得的净收益和生态系统与其他社会经济活动中获得的总收益的绝对值的比值，该指标值越高表示社区居民对生态系统依赖程度越高；3 类子指数分别为供给服务（provisioning services）、调节服务（regulating services）和文化服务（cultural services）指数（乔家君，2020）。鉴于社区居民获得收入所付出的成本的差异会影响生态系统服务依赖程度的准确量化，因此，本章研究选取 IDES 指数反映以家庭为单位的社区居民对生态系统服务的依赖程度，以提高不同家庭间的可比性。

生态系统服务包括供给服务、调节服务和文化服务三类，则生态系统服务依赖指数（IDES 指数）表示为从三类子生态系统服务中获得的收益比之和（Nlnkoo et al.，2011）。计算公式如下：

$$IDES_i = \frac{ENB_i}{\left| \sum_{i=1}^{3} ENB_i + SNB \right|} \qquad (4-11)$$

$$IDES = \sum_{i=1}^{3} IDES_i \qquad (4-12)$$

在式（4－11）、式（4－12）中，IDES 表示社区居民对社区生态系统服务依赖总指数，$IDES_i$ 表示社区居民对第 i 种生态系统服务依赖的子指标，ENB_i 表示社区居民从第 i 种生态系统服务中获得的总净收益，SNB 表示社区居民从其他经济活动中获得的收入。依据研究需要设定供给服务净收益主要指，社区居民从农作物种植、畜牧业等农副产品中获取收益；调节服务净收益主要指，国家给予社区居民的补贴收益，包括征地补偿、退耕还林及生态公益林种植补贴、农业经营补贴等；文化服务净收益主要指，社区居民从旅游休闲经营活动、交通运输活动、房屋或土地以旅游经营为目的的出租活动及其他小生意等获取的收益；其他收益主要指，外出打工收益及利息收益等。

4.1.5　社区居民生计响应模式类型划分

旅游开发，一方面，改变了乡村土地的使用结构，旅游业与农业、工业相融合，增加了土地等资源的溢出价值，影响到社区居民从生态系统中获得的服务价值，社区居民生计策略选择更加多样性，从而对社区生态系统服务依赖关系产生变化；另一方面，旅游开发为社区居民提供了更多就业机会，社区的公共服务体系在旅游开发过程中得到改善，社区居民所处社区的社会—生态环境得以提高，社区居民生计资本的构成及价值大小，随着旅游活动的发展而产生变化，从而改变社区居民福祉。在这个过程中，旅游社区的人地关系得到重构，社区居民福祉中依赖社区生态环境而获得的生计资本发生变化，形成生态依赖程度与社区居民福祉之间的不同耦合模式，即"生态依赖—生计福祉"耦合的生计响应模式。

基于此，本章参考相关文献，采用四象限分类法，以社区居民的生计资本（RWB）为纵坐标，以社区生态系统服务依赖指数（IDES 指数）为横坐标，建立坐标象限图针对旅游干扰对社区居民生计响应模式进行分类。同时，为了消除极端值对指标的影响，采用中位值作为分界，高于中位值则为高，低于中位值则为低，通过对总体有效样本的社区生态系统服务依赖指数和社区居民福祉水平进行测算，求得社区生态系统服务依赖指数的中位值为 0.80，社区居民福祉水平的中位值为 5.91。社区居民生计响应模式，见图 4-1。模式 1 为"高依赖—高福祉"模式（H-H）、模式 2 为"低依赖—高福祉"模式（L-H）、模式 3 为"低依赖—低福祉"模式（L-L）、模式 4 为"高依赖—低福祉"模式（H-L）。

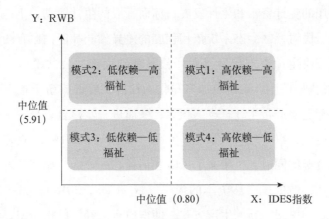

图 4 - 1　社区居民生计响应模式

资料来源：笔者根据社区居民生计响应模式绘制而得。

4.2　旅游干扰下社区居民生计响应模式分析框架构建及变量设计

4.2.1　分析框架构建

英国国际发展署（DFID）提出的可持续生计框架，展现了社区居民生计资本在受到外界环境干扰下的动态变化路径，反映出社区居民生计要素与社区内生态、经济、社会等要素间的互动关系，为探究旅游干扰对社区居民生态响应模式的作用机制提供了一个分析角度。本章在可持续生计框架的基础上，将社区居民福祉视为生计资本的反映，将社区生态依赖程度视为生计策略的反映，基于社区生态依赖程度及社区居民福祉两个维度划分成四象限"生态依赖—生计福祉"耦合模式，视为旅游干扰下社区居民生计响应模式，同时，结合政府旅游支持、社区参与、社区居民旅游感知及社区地理特征对社区居民生计框架要素的影响，构建旅游干扰下社区居民生计响应模式作用机制分析框架，见图 4 - 2。

社区居民生计框架包括生计资本和生计策略两类，生计资本反映社区居民应对旅游干扰并适应外部环境变化形成的福祉水平；生计策略主要指，人们根据自身可利用的生计资本和生计发展目标而开展的生计活动，生计策略的不同反映为社区居民对社区生态系统依赖程度的差异性。社区内原有的生态储存越高，即社区居民生计资本存量越大（公共基础设施、公共服务、自然人文资源丰富），社区居民生计策略更加多样化，社区在外部旅游干扰下越有可能获得并利用外部资源进行生计资本的积累，从而进一步整合自身的生计策略适应生计模式的变化，以实现收入来源多元化（王咏等，2014）。旅游为社区居民带来机遇和资源的同时，也带来了风险和消耗，一方面，旅游开发，改变了原有的人地关系，造成了自然资本的损失（Le et al.，2015）；另一方面，旅游开发带来了新的思想、新的生产方式，使得原有的经济结构转型，农户将会面临更加严峻的生计重构压力和生计策略的转型挑战。

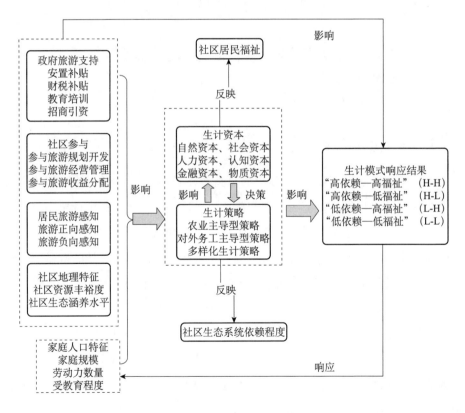

图 4 - 2　旅游干扰下社区居民生计响应模式作用机制分析框架

资料来源：笔者根据旅游干扰下社区居民生计响应模式作用机制绘制而得。

旅游干扰背景可以归结为四大类：政府旅游支持、社区参与、社区居民旅游感知及社区地理特征（陈佳等，2015）。在旅游干扰背景下，上述四类影响因素都受到社区生态储存平衡状况的作用，并对社区居民生计框架产生影响，表现为社区居民可利用生计资本的变化、生计策略选择的变化；同时，社区居民生计模式动态响应社区居民生计框架的变化，呈现出旅游干扰下不同的生计模式响应状态。为厘清旅游干扰背景下社区居民生计模式响应状态的具体影响和发展路径，本章借助数理统计和模型构建的方法，利用实地调研数据进行实证分析。

4.2.2　变量设计及说明

4.2.2.1　因变量选择设计

乡村社区内部微观行为主体主要包括政府与社区居民，二者既是旅游干扰的直接利益相关者，又是旅游干扰的直接响应主体。政府旅游支持、社区居民旅游感知及社区参与，对旅游的可持续发展来说意义重大。在乡村振兴背景下，旅游业已成为乡村经济发展、产业结构升级的主要驱动力。政府旅游支持和财税补贴不仅能够推动旅游资源的合理规划及最大化利用，而且，可以更好地促进社区居民参与到旅游活动中，同时，政府旅游法律法规政策的制定与执行也可以更好地保护社区生态环境，提升生态系统服务价值。政府旅游支持是社区居民对旅游开发的感知及参与程度的重要前因变量（Costanza et al.，1997；李凡等，2018；Ouyang et al.，2017）。社区参与表示政府、企业及社区居民组合成整体共同参与到社区旅游规划、开发、经营等活动中，以促进旅游业的发展（Ven et al.，2016）。其中，社区居民如何参与旅游规划、经营管理及收益分配等，社区参与旅游程度如何评价，社区参与的影响因素等问题，是目前国内外旅游研究的重要主题。基于社会交换理论，社区居民旅游感知的不同影响了社区参与程度，而社区参与程度进一步影响了社区居民从旅游开发中获取的经济利益。同时，社区地理特征的差异，形成地方旅游开发的基础并限制其开发程度。

基于上述分析并根据现有文献研究及实际调研，主要根据主观感知评价选择构建影响因素，将影响社区居民生计响应模式的影响因素总结为四大类：政府旅游支持、社区参与程度、社区居民旅游感知及社区地理特征（汪德根等，2011；Draper et al.，2011；Nlnkoo et al.，2016；Hung et al.，2011）。政府旅游支持量表，包括政府的旅游用地安置补贴政策、政府的旅游财税补贴政策支持、政府实施的教育培训政策、政府旅游开发的招商引资政策四个测量指标（Nunkoo et al.，2016；Ouyang et al.，2017）；社区参与程度量表，包括参与旅游规划开发程度、参与旅游经营管理程度、参与旅游收益分配程度三个测量指标（孙凤芝，2013、Gusoy D，Kendall K. D.，2006）；社区居民旅游感知量表包括社区居民旅游正向感知，包括旅游开发提高当地经济收益、旅游开发促进就业两个测量指标；社区居民旅游负向感知，包括旅游开发引致当地物价上涨、旅游开发导致当地旅游资源及社区环境破坏、旅游开发导致社区人流及交通拥挤三个测量指标；社区地理特征量表，包括资源禀赋度和生态涵养水平两个测量指标。

4.2.2.2　控制变量设计

家庭人口特征，主要由家庭劳动力数量、受教育程度两项指标来衡量。家庭劳动力数量是指，家庭人口结构，即家中是否有老人、孩子、成年劳动力。受教育程度，反映了社区居民应对旅游干扰的能力。

4.2.2.3　变量指标描述性统计

本节主要对调研问卷受测者的感受和心理认知进行评价，构建 5 级李克特式影响因素量表（1 代表非常低，5 代表非常高），相关变量描述性统计分析，见表 4-2。

表 4-2　　　　　　　　　相关变量描述性统计分析

指标层面		指标赋值	均值	标准差
政府旅游支持（GTS）	安置补贴 GTS_1	国家对社区居民旅游的安置补贴政策数量，非常高 =5，比较高 =4，一般 =3，比较低 =2，非常低 =1	0.625	0.4903
	财税补贴 GTS_2	国家对社区居民旅游经营财税补贴数量，非常高 =5，比较高 =4，一般 =3，比较低 =2，非常低 =1	0.525	0.5057

续表

指标层		指标赋值	均值	标准差
政府旅游支持（GTS）	教育培训 GTS$_3$	国家对社区居民进行旅游方面的教育培训水平，非常高 = 5，比较高 = 4，一般 = 3，比较低 = 2，非常低 = 1	0.575	0.5006
	招商引资 GTS$_4$	国家对社区居民旅游进行招商引资的扶持度，非常高 = 5，比较高 = 4，一般 = 3，比较低 = 2，非常低 = 1	0.500	0.5064
社区居民参与程度（CP）	参与旅游规划程度 CP$_1$	非常高 = 5，比较高 = 4，一般 = 3，比较低 = 2，非常低 = 1	1.525	0.5057
	参与旅游经营管理程度 CP$_2$	非常高 = 5，比较高 = 4，一般 = 3，比较低 = 2，非常低 = 1	2.500	0.5547
	参与旅游收益分配程度 CP$_3$	非常高 = 5，比较高 = 4，一般 = 3，比较低 = 2，非常低 = 1	2.325	0.9167
社区居民旅游感知（RPT）	提高当地经济收益 RPT$_1$	非常高 = 5，比较高 = 4，一般 = 3，比较低 = 2，非常低 = 1	3.550	0.7143
	促进就业 RPT$_2$	非常高 = 5，比较高 = 4，一般 = 3，比较低 = 2，非常低 = 1	3.700	0.7232
	当地物价上涨 RPT$_3$	非常高 = 5，比较高 = 4，一般 = 3，比较低 = 2，非常低 = 1	3.850	0.6222
	当地旅游资源及社区环境破坏 RPT$_4$	非常高 = 5，比较高 = 4，一般 = 3，比较低 = 2，非常低 = 1	2.875	0.4634
	当地人流及交通拥挤 RPT$_5$	非常高 = 5，比较高 = 4，一般 = 3，比较低 = 2，非常低 = 1	4.400	0.5454
社区地理特征（GCC）	资源禀赋度 GCC$_1$	非常高 = 5，比较高 = 4，一般 = 3，比较低 = 2，非常低 = 1	3.525	0.5057
	生态涵养水平 GCC$_2$	非常高 = 5，比较高 = 4，一般 = 3，比较低 = 2，非常低 = 1	3.450	0.6775
家庭人口特征（FDC）	家庭劳动力数量 FDC$_2$	家庭劳动力数量：8 人以上 = 5，8~7 人 = 4，6~4 人 = 3，3~2 = 2，2 人以下 = 1	3.400	0.5905
	受教育程度 FDC$_3$	家庭中 16 岁以上的成员最高学历均值。最高学历赋值：大学本科及以上 = 5，大专 = 4，高中/中专/技校 = 3，初中 = 2，小学 = 1，文盲 = 0	3.100	0.6325

资料来源：笔者根据知网数据库的相关文献整理而得，数据由调研结果经 SPSS19.0 软件计算整理而得。

4.2.3　变量数据共同方差分析

要保障问卷数据的科学性，克服问卷由同一被试者回答产生的共同方法偏差问题，在问卷调研填写时先告知研究目的，通过抽样程序控制及统计方法选择规避该问题。采取 Harman 单因子检验法对数据进行检验，将影响变量中的 16 个测量指标全部进行探索性因子分析，因子中最大解释变异量为 27.98%，表示选取变量数据不存在共同方法偏差。

4.2.4 变量信度检验及效度检验

本章变量信度检验采取 Cronbach's α 及 CR 值进行估计。变量的信度检验及效度检验，见表 4 - 3。由表可得，所有变量 Cronbach's α 系数值在 0.714 ~ 0.822，CR 值在 0.718 ~ 0.895，表明指标数据信度较高，指标数据稳定性较好。

表 4 - 3   变量的信度检验及效度检验

指标层面		因子载荷	Cronbach's α	CR	AVE
政府旅游支持（GTS）	安置补贴 GTS_1	0.873	0.882	0.895	0.686
	财税补贴 GTS_2	0.885			
	教育培训 GTS_3	0.857			
	招商引资 GTS_4	0.732			
社区参与程度（CP）	参与旅游规划程度 CP_1	0.899	0.881	0.893	0.675
	参与旅游经营管理程度 CP_2	0.924			
	参与旅游收益分配程度 CP_3	0.919			
社区居民旅游感知（RPT）	提高当地经济收益 RPT_1	0.835	0.846	0.848	0.724
	促进就业 RPT_2	0.866			
	当地物价上涨 RPT_3	0.757	0.729	0.746	0.511
	当地旅游资源及社区环境破坏 RPT_4	0.725			
	当地人流、交通拥挤 RPT_5	0.715			
社区地理特征（GCC）	资源禀赋度 GCC_1	0.728	0.714	0.718	0.496
	生态涵养水平 GCC_2	0.765			
家庭人口特征（FDC）	家庭劳动力数量 FDC_2	0.815	0.843	0.891	0.597
	受教育程度 FDC_3	0.713			

资料来源：笔者根据收集的数据应用 SPSS19.0 软件计算整理而得。

本章变量效度检验采取验证性因子检验（CFA）法来进行变量的内敛效度检验及区分效度检验。内敛效度检验依据因子载荷系数和 AVE 的值来衡量，由表 4－3可知，各变量指标的因子载荷系数均大于 0.500，且 AVE 值在 0.496 ～ 0.724，说明各变量指标收敛效度较好。区分效度检验以各变量 AVE 值的平方根大于其他变量间的相关系数为标准，来判断是否具有区分效度，变量间相关性与区别效度检验，见表 4－4，各个因素之间两两相关均为显著。其中，社区居民的旅游负向感知与政府旅游支持呈负相关关系，表示政府支持旅游开发及社区居民参与旅游开发，能够降低社区居民对旅游开发带来的负向效应感知。社区地理特征与家庭人口特征和旅游负向感知，也表现为负相关关系。其他指标间呈现正向相关关系。

表 4－4   变量间相关性与区别效度检验

变量	政府旅游支持	社区参与程度	旅游正向感知	旅游负向感知	社区地理特征	家庭人口特征
政府旅游支持	1.000					
社区参与程度	0.382***	1.000				
旅游正向感知	0.435***	0.493***	1.000			
旅游负向感知	−0.179**	0.075	0.063	1.000		
社区地理特征	0.385***	0.276***	0.219***	−0.041	1.000	
家庭人口特征	0.427**	0.409***	0.411***	−0.033	0.645***	1.000

注：对角线值为 AVE 平方根，非对角线值为变量间的相关系数；＊＊＊、＊＊和＊分别表示在1%、5%和10%的水平上显著。

资料来源：笔者根据收集的数据应用 SPSS19.0 软件计算整理而得。

4.3 研究结果分析

本章首先，根据旅游干扰强度的差异，对比不同生计响应状态下社区居民生计策略、生计福祉及生态系统服务依赖度的差异；其次，基于无序多分类 Logstic 回归模型，探究旅游干扰对社区居民生计响应模式的影响。

4.3.1 不同"生态—福祉"响应模式下社区居民生计策略选择

本章将社区居民的生计策略分为三种：农业主导型、外出务工型、"农业＋务工"多样化生计策略。本书将旅游干扰强度分为低强度和中高强度两大类，并分别探讨了不同"生态—福祉"响应模式下社区居民生计策略选择，见表4-5：（1）总体来看，低强度旅游干扰下，采取外出务工型策略的数量较多（41.51％），表明当旅游开发对社区干扰较弱时，社区居民主要通过外出务工来提升福祉水平；中高强度旅游干扰下，采用"农业＋务工"多样化生计策略的社区居民数量较多（54.52％），即旅游开发给社区居民带来了更多的就业机会，社区居民可选择的生计策略更加多样化。（2）在四种耦合模式中，低强度旅游干扰下 L-H 模式占主导（41.63％），反映出社区居民主要通过外出务工提高福祉，而对当地的生态系统服务依赖度较低；中高强度旅游干扰下，处于 H-H 模式的社区居民占比较高（51.27％），从侧面反映出旅游对当地社区的生态系统产生了正向影响，旅游开发提升了社区居民收入，使社区居民享受到环境保护与旅游开发的高回报，从而反哺生态保护与旅游开发，形成"生态环境保护—旅游可持续发展—社区居民福祉提高"的良性循环态势。

表4-5　　　　　不同"生态—福祉"响应模式下社区居民生计策略选择

生计策略	低强度旅游干扰下					中高强度旅游干扰下				
	1. H-H	2. L-H	3. L-L	4. H-L	合计	1. H-H	2. L-H	3. L-L	4. H-L	合计
农业主导型	72	0	18	88	178	145	18	0	88	189
比重（%）	11.76	0.00	3.01	14.36	29.13	13.89	1.68	0.00	8.44	18.07
外出务工型	0	181	67	6	254	4	139	67	15	287
比重（%）	0.00	29.52	10.97	1.02	41.51	0.36	13.28	6.42	1.41	27.41
"农业＋务工"多样化生计策略	37	74	44	25	180	387	67	48	68	570
比重（%）	5.98	12.11	7.16	4.11	29.36	37.02	6.36	4.61	6.53	54.52
总体合计	109	255	129	119	612	536	223	115	171	1046
比重（%）	17.74	41.63	21.14	19.49	100.00	51.27	21.32	11.03	16.38	100.00

资料来源：笔者根据收集的数据应用SPSS19.0软件计算整理而得。

4.3.2　不同"生态—福祉"响应模式下社区居民福祉水平

本书将旅游干扰强度分为低强度和中高强度两大类，并分别探讨了不同

"生态—福祉"响应模式下社区居民福祉水平，见表 4-6：（1）总体而言，中高强度旅游干扰下，社区居民福祉水平整体高于低强度旅游干扰下，这说明，社区居民福祉中旅游业相关贡献率随着旅游干扰强度的增强而提高，社区居民不再局限于依靠土地或是离家外出务工获取收益，社区居民能够在家就业，不仅可以通过经营旅游业提高收益水平，还能够照顾家庭并提高在当地的社会地位，社区居民福祉的脆弱性大大降低；（2）从福祉构成来看，对生态系统服务依赖度较高的 H-H 模式中，社区居民从旅游业的相关经营中获取的收入最高，其后为畜牧业收入和农作物种植收入，而对生态系统服务依赖度较低的 L-H 模式和 L-L 模式中，社区居民获取收入大多是通过外出务工、畜牧业和农作物种植，这一现象从侧面表明旅游业的发展离不开社区的生态系统服务，社区居民利用社区的生态系统服务来发展旅游业，进而促进收入提高，而社区居民为了维持自身福祉也必须保证旅游业的可持续发展，并对生态系统进行维护。

表 4-6　　　　　　　不同"生态—福祉"响应模式下社区居民福祉水平

福祉构成	低强度旅游干扰下				中高强度旅游干扰下			
	1. H-H N=109	2. L-H N=255	3. L-L N=129	4. H-L N=119	1. H-H N=536	2. L-H N=233	3. L-L N=115	4. H-L N=171
自然资本	0.86[2,3,4]	0.84[1,3]	0.84[1,2,4]	0.85[1,3]	0.91[2,3,4]	0.91[1,3]	0.91[1,2,4]	0.91[1,3]
人力资本	0.89[2,3,4]	0.99[1,4]	0.67[1,2,4]	0.61[1,2,3]	0.98[2,3,4]	0.96[1,4]	0.59[1,2,4]	0.67[1,2,3]
社会资本	1.53[2,3,4]	1.55[1,4]	1.32[1,2,4]	1.46[1,2,3]	1.68[2,3,4]	1.61[1,4]	1.41[1,2,4]	1.44[1,2,3]
认知资本	0.72[2,3,4]	0.61[1,3,4]	0.58[1,2,4]	0.68[1,3]	1.25[2,3,4]	0.65[1,3,4]	0.61[1,2,4]	0.98[1,3]
物质资本	1.14[2,3,4]	1.13[1,3,4]	0.98[1,2,4]	0.79[1,2,3]	1.36[2,3,4]	1.24[1,3,4]	0.87[1,2,4]	0.91[1,2,3]
金融资本	0.79[3,4]	0.81[1,4]	0.57[1,4]	0.51[1,2,3]	1.11[3,4]	1.03[1,4]	0.92[1,4]	0.98[1,2,3]
福祉水平	5.93	5.94	4.96	4.9	7.29	6.4	5.31	5.89

注：Pearson chi2（5）=398.472，$P=0.0000$，括号内数字表示该模式与其他模式在 5% 水平上显著。

资料来源：笔者根据收集的数据应用 SPSS 19.0 软件计算整理而得。

4.3.3　不同"生态—福祉"响应模式下社区居民 IDES 指数

本书将旅游干扰强度分为低强度和中高强度两大类，并分别探讨了不同

"生态—福祉"响应模式下社区居民 IDES 指数，见表 4-7：（1）总的来说，低强度旅游干扰下社区居民的 IDES 指数高于中高强度旅游干扰下，说明在低强度旅游干扰下，社区居民依赖社区土地等资源，通过传统农耕产业获取收益，长期"靠地吃饭"；（2）低强度旅游干扰下文化服务指数最低，而中高强度旅游干扰下文化服务指数最高，表明社区居民从旅游开发经营中获取收益的比重增加；（3）不同强度旅游干扰下，H-H 模式反映了社区居民对社区生态系统的依赖较高，但生计策略却不同。在中高强度旅游干扰下，社区居民主要依赖于社区生态系统从事多样化生计策略从而提升生计资本，表现为文化供给服务依赖度高于供给服务和调节服务，反而在低强度旅游干扰下，社区居民对供给服务和调节服务的依赖度高于文化服务。

表 4-7   **不同"生态—福祉"响应模式下社区居民 IDES 指数**

IDES 指数	低强度旅游干扰下					中高强度旅游干扰下				
	1. H-H N=109	2. L-H N=255	3. L-L N=129	4. H-L N=119	均值 N=612	1. H-H N=536	2. L-H N=233	3. L-L N=115	4. H-L N=171	均值 N=1046
IDES 总指数	$1.61^{(2,3)}$	$0.92^{(1,4)}$	$0.42^{(1,4)}$	$0.88^{(2,3)}$	0.99	$1.02^{(2,3)}$	$0.45^{(1,4)}$	$0.31^{(1,4)}$	$0.72^{(2,3)}$	0.75
供给服务指数	$0.91^{(2,3)}$	$0.31^{(1,4)}$	$0.22^{(1,4)}$	$0.29^{(2,3)}$	0.43	$0.18^{(2,3)}$	$0.11^{(1,4)}$	$0.15^{(1,4)}$	$0.17^{(2,3)}$	0.17
文化服务指数	$0.28^{(2,3)}$	$0.22^{(1)}$	$-0.02^{(1)}$	$0.17^{(2,3)}$	0.17	$0.68^{(2,3)}$	$0.21^{(1)}$	$0.08^{(1)}$	$0.43^{(2,3)}$	0.46
调节服务指数	$0.43^{(2,3)}$	$0.39^{(1,3,4)}$	$0.22^{(2,4)}$	$0.42^{(2,3)}$	0.38	$0.16^{(2,3)}$	$0.13^{(1,3,4)}$	$0.08^{(2,4)}$	$0.12^{(2,3)}$	0.12

注：Pearson chi2 (5) =228，61，P=0.0000，括号内数字表示该模式与其他模式在 5% 的水平上显著。

资料来源：笔者根据收集的数据应用 SPSS19.0 软件计算整理而得。

4.3.4   旅游干扰对社区居民生计响应模式的影响

本章被解释变量（Y）为社区居民的四种生计响应模式，分别对这四种生计响应模式进行赋值，H-H 模式赋值为 1，L-H 模式赋值为 2，L-L 模式赋值为 3，H-L 模式赋值为 4，所赋数值没有大小之分。本章选择使用无序多分类 Logistic 回归模型来研究旅游干扰对社区居民生计响应模式的影响。构建模型（Ⅰ）、模型（Ⅱ）及模型（Ⅲ）三类情境进行回归分析，其中，模型（Ⅰ）$_{i=1}$ 表示 H-H 模式以 L-H 模式作为参照类、模型（Ⅱ）$_{i=1}$ 表示 H-H 模式以 L－L 模式作为参照类、模型（Ⅲ）$_{i=1}$ 表示 H－H 模式以 H－L 模式作为参照类，变量为政府旅游支持、社区参与、社区居民旅游正向感知、社区居民旅游负向感知及社区地理特征，控制变量为家庭人口特征，运用 Stata 15.0 软件建立无序多分类 Logistic 回归模型，社区居民生计响应模式影响因素的无序多分类 Logistic 回归结果，如表4－8所示。

表4－8　社区居民生计响应模式影响因素的无序多分类 Logistic 回归结果

解释变量		模型（Ⅰ）$_{i=1}$ /（i＝2 为参照）			模型（Ⅱ）$_{i=1}$ /（i＝3 为参照）			模型（Ⅲ）$_{i=1}$ /（i＝4 为参照）		
		B	Std. Error	Sig.	B	Std. Error	Sig.	B	Std. Error	Sig.
旅游干扰		2.313 **	0.231	0.009	2.329 ***	0.227	0.000	1.151 ***	0.245	0.000
政府旅游支持	GTS₁	1.297 **	0.450	0.012	2.113 ***	0.420	0.079	2.610 *	0.491	0.031
	GTS₂	1.673 ***	0.207	0.000	1.254 **	0.190	0.000	1.621 **	0.214	0.023
	GTS₃	0.359 *	0.232	0.072	2.671 ***	0.262	0.000	2.312	0.232	0.331
	GTS₄	3.110 ***	0.211	0.000	2.141 **	0.042	0.013	2.312	0.218	0.236
社区参与	CP₁	1.873 **	0.238	0.011	1.312 ***	0.235	0.000	1.352 **	0.242	0.006
	CP₂	2.116 **	0.175	0.015	1.871 *	0.155	0.104	0.988 ***	0.195	0.000
	CP₃	3.251	0.272	0.379	2.562 ***	0.260	0.000	2.213 ***	0.281	0.000
居民旅游正向感知	PRPT₁	1.349	0.216	0.710	2.231 **	0.816	0.028	1.896 ***	0.809	0.000
	PRPT₂	0.973	0.118	0.496	2.124 **	0.108	0.013	1.993 **	0.131	0.114
居民旅游负向感知	NRPT₁	－1.763	0.111	0.029	－0.334 **	0.104	0.013	－0.875	0.118	0.616
	NRPT₂	－1.432	0.249	0.009	－0.613 *	0.242	0.027	－0.349	0.241	0.703
	NRPT₃	－2.114	0.214	0.305	－0.321 **	0.198	0.112	－0.563	0.222	0.406
社区地理特征	GCC₁	1.562 ***	0.231	0.000	2.531 ***	0.213	0.000	1.365 *	0.245	0.075
	GCC₂	2.312 ***	0.201	0.000	2.974 ***	0.057	0.000	1.978 *	0.055	0.116
家庭人口特征	FDC₁	1.542	0.118	0.004	2.123 **	0.022	0.011	0.776 **	0.025	0.042
	FDC₂	2.212	0.134	0.115	2.012 **	0.694	0.029	0.981 *	0.722	0.064
常数项		3.692 *	2.086	0.077	4.234	2.581 **	0.010	4.459 *	2.212	0.137
Prob > chi²		0.000								
Pseudo R²		0.297								

注：＊＊＊、＊＊ 和 ＊ 分别表示在1%、5% 和 10% 的水平上显著。
资料来源：笔者根据收集的数据应用 Stata16.0 软件计算整理而得。

4.3.4.1　模型检验

对上述影响指标的 17 个因子进行多元 Logistic 回归分析，模型预测正确率为

81.2%，模型拟合程度指标：Pearson 卡方 = 229.211，P（Sig. = 0.000）< 0.01，反映模型的拟合性较好；拟合优度指标 P（Sig. = 1.000）> 0.05，拟合优度较好；伪 R 值均大于 0.5，表示模型整体通过检验。

4.3.4.2 模型实证结果分析

旅游干扰对模型（Ⅰ）、模型（Ⅱ）及模型（Ⅲ）进行多元无序 Logist 回归分析结果显示，旅游干扰对社区居民生计响应 H-H 模式的显著性影响，分别在 1%、5% 的显著性水平上，社区居民生计响应模式由 L-H 模式、L-L 模式、H-L 模式向 H-H 模式转变。

政府旅游支持的安置补贴、财税补贴、教育培训及招商引资对模型（Ⅰ）、模型（Ⅱ）都具有显著性影响，反映了政府旅游支持能够使社区居民更好地参与旅游活动并从中获取利益，旅游活动带来的生态系统服务价值收益比重提高，增加了社区居民对社区生态系统的依赖程度。然而，教育培训、招商引资对模型（Ⅲ）不显著，表明二者对社区居民生计福祉水平的提高作用不明显，可能是社区居民自身因素限制了其从旅游活动中获取收益。

社区参与旅游规划与旅游开发、参与旅游经营管理及旅游收益分配对模型（Ⅱ）、模型（Ⅲ）都具有显著性影响，反映出社区参与旅游规划与旅游开发、旅游经营管理及旅游收益分配能够显著提高其生计福祉水平，同时，提高其对社区生态系统的依赖程度。而社区参与下旅游收益分配对模型（Ⅰ）不显著，表示虽然旅游活动能够增加社区居民从生态系统中获取的收益，从而促进生计福祉水平提升，但是，一些社区居民可能长期在外务工，并且，在外务工收益大于从本社区旅游活动中所获取的收益，从而放弃本地的旅游活动，仍选择在外务工，因此，居民生计对社区的生态系统依赖程度不高。

社区居民对旅游促进社区经济发展、提高就业的感知显著影响 L-L 模式、H-L 模式向 H-H 模式转变，旅游开发对社区生态系统服务价值的正向促进作用能够明显地被社区居民感知，从而使居民选择参与旅游活动，提高对社区生态系统的依赖程度并获取高收益；而社区居民对旅游开发的负向感知不显著，在短期内，社区居民会为了增加收益而忽视旅游活动带来的成本增加的压力。

社区资源丰裕度及社区生态涵养水平对模型（Ⅰ）、模型（Ⅱ）及模型

（Ⅲ）都具有显著性影响，表明社区生态系统状况能够显著影响社区居民的生计福祉水平及依赖度。社区生态系统生态本底状况越好，社区居民在旅游干扰下处于 H－H 模式的概率越大。

在家庭人口特征中，家庭人口数量越多、家庭受教育水平越高，旅游干扰下社区居民参与社区旅游活动的水平也越高，旅游活动对社区居民福祉水平提高的可能性也越大。而人口数量增加及受教育水平对社区居民生计模式从 L－H 模式向 H－H 模式转变具有不显著影响，社区居民在外务工所获收益与从社区旅游活动中获取的收益差异不大。

4.4　结论与启示

4.4.1　研究结论

旅游社区是一个复杂的"社会—生态"系统，旅游干扰使社区的系统功能和系统结构发生变化，影响社区居民生计策略的变化，从而表现为社区居民从社区生态系统中获取服务价值的依赖程度及生计福祉的演变。找到旅游干扰下有利于提升社区居民福祉及 IDES 指数的因素，可以促进社区生态系统向我们期望的方向发生良性变化，达到社区生态、经济和文化可持续协调发展的目标。

首先，根据旅游社区居民生计福祉与 IDES 指数两个维度，将社区居民旅游干扰下生计响应状态划分为四种模式，不同的模式反映了不同的"生态依赖—生计福祉"耦合关系；其次，运用旅游开发背景下改造的可持续生计框架，揭示旅游干扰对社区居民生计响应模式的作用机制，即旅游干扰如何通过影响社区居民的生计策略进而形成不同的"生态依赖—生计福祉"耦合模式；再次，根据社区居民采取的生计策略及隐藏在生计策略之下的生计资本构成和生态系统服务依赖程度三者的描述性统计分析，表明高强度旅游干扰下社区居民的生计策略更加多样化，生计福祉大多来自旅游业的经营所得，同时来自农业的收入也较高，反映出社区居民对社区生态系统服务的依赖程度较高，"高依赖—高福祉"模式成为社区最主要的模式；最后，通过无序多分类

Logistic 回归模型分析旅游干扰对社区居民生计响应模式的影响，结果显示，旅游干扰对实现"高依赖—高福祉"模式有显著影响。主要研究结论有以下五点。

（1）"高依赖—高福祉"模式，为最优耦合模式。处于 H–H 模式的社区居民生计策略更加多样化，其家庭收入大部分来自社区内部的旅游经营及农林业种植，对社区生态系统服务的依赖指数相比于其他三类家庭较高，同时，社区居民自主形成对社区自然资源、文化资源、社会资本的保护与开发，保障社区生态储存可持续平衡发展。

（2）旅游开发，有助于实现"一方水土养一方人"。旅游开发促进了社区居民生计策略的多样化转变，提高社区居民的收益及社区居民生计对社区生态系统服务的依赖度。社区居民依赖社区的自然资源、生态资源、文化资源获取收益的同时，对社区生态系统的脆弱性有了更深的认识，提高了社区居民对生态系统的保护意识，从而提升社区居民对生态系统的响应力和适应力，有助于实现旅游社区生态保护与脱贫致富的双重目标，有利于社区生态储存可持续平衡发展。

（3）社区参与旅游发展，可以优化社区居民收入结构。旅游干扰下社区居民通过旅游业及相关产业获得的收益提高，而旅游业也依赖于社区生态系统。因此，社区居民对社区生态系统服务的依赖度增加，促进社区居民生计模式向"高依赖—高福祉"模式发展。

（4）社区参与旅游开发水平的提高，可以产生政策溢出效应和学习效应。旅游发展可以帮助社区居民享受更多帮扶政策和配套资源，增加社区居民的生计策略和对生态系统服务的依赖程度，使得社区居民生计模式向"高依赖—高福祉"模式转变。

（5）旅游开发更强调政府的主导性。政府通过给予社区居民多种帮扶措施和资金支持、技术培训等方式来提高社区居民的自我发展能力，以保障社区居民生计策略的多样性及家庭收入的可持续性，对社区居民形成"高依赖—高福祉"模式起到促进作用。

4.4.2 对策启示

本章从微观视角探讨了旅游干扰下社区居民生计响应模式的影响效应。为促进社区与社区居民生计的可持续发展，基于研究结论，本书提出以下三点建议。

（1）加强政府的引导作用。充分发挥政府的宏观调控作用，建立相关社区居民参与旅游的制度保障，保障社区居民的参与权利，规范社区居民的参与行为。同时，实施多种帮扶政策，如安排专项旅游开发资金等，采取多种方法提高社区的经济发展水平，运用旅游干扰的良性机制，促进社区结构的良性优化，提高社区居民生活水平。

（2）把握旅游干扰的适度性。旅游干扰过多会带来过高的游客量，使得社区旅游承载力超载，对社区的生态经济系统产生不利影响。同时，单一化的生计方式和经济结构对社区的长远发展是不利的，一旦遭遇突发事件，社区居民的生计将无法维持。因此，要注意旅游干扰的适度性，只有在适度的旅游干扰下，社区居民的生计策略才会趋于多样化，才有利于社区经济结构的优化和社区旅游的持续发展。

（3）加强社区自我管理和内部建设。社区应建立各种形式的帮扶小组，帮助社区居民了解参与社区旅游的过程、政策、收益等，提高社区居民参与旅游的积极性。同时，开展一系列教育培训活动，对社区居民进行技能培训和旅游知识教育，提高社区居民的旅游意识和环境观念，增强社区居民的生存能力和生存技能，以保障社区居民在旅游开发中的自我发展能力，增强社区居民收入的可持续性。

第5章　旅游干扰下社区生态储存的
动态响应研究

　　旅游表现为"旅游 + 乡村"的深度融合，提高了社区居民的生活水平，已成为乡村经济可持续发展的重要支柱产业，是实现乡村振兴、脱贫攻坚的重要途径（Ying et al.，2007）。但随之而来的是旅游地原有的人地关系均衡共生系统被打破，经济环境、社会环境、生态环境受到强烈的扰动（赵雪雁，2017；Gil‐Padilla et al.，2008）。乡村社区面对日益严峻的不确定性因素干扰，对如何保持社区生态系统服务的可持续发展提出了挑战。虽然，近年来，关于人类活动干扰人地关系适应性的研究不断深入，但是，对该问题的聚焦点在于地质灾害及生态气候领域，对外部干扰下社会经济系统如何响应的研究，关注度仍然不高。伴随着旅游"热"，乡村社区如何转型，社区生态系统服务结构如何响应以及旅游开发带来的脆弱性等问题逐步显现，由此导致有关乡村社区适应性研究成果不断增加。乡村社区适应性理论重在研究旅游开发对乡村经济环境、社会环境、生态环境如何影响及重构；从静态视角对农户生计策略及能力如何响应旅游开发等进行研究，而缺乏对社区复合生态系统作为过程变量动态响应旅游活动的累计效应研究。

　　乡村社区作为旅游活动的重要载体，其内部的复合生态系统具有明显的脆弱性，旅游成为社区生态系统及社区居民福祉脆弱性的主要干扰因素，而社区生态储存描述了社区生态系统服务价值增强或减弱的动态过程。因此，本章从主体响应行为和系统响应能力两方面构建社区生态储存旅游干扰响应演化理论框架，从三个方面研究旅游干扰下社区生态储存的响应机制。即，旅游干扰下乡村社区主体如何感知系统脆弱性，社区行为主体对旅游干扰的响应效果，社区生态系统服务价值与行为主体响应行为关联性。

5.1　理论分析框架构建

社区是一个包含多个社会群体的具有明确边界的特定地理空间，内部个体具有共同的价值体系、社会规范和关系网络。旅游社区表现为一种复杂的社会—生态系统（Baggio，2008），它不仅是游客观光游览的消费空间，也是旅游赖以发展的资源空间，更是推动乡村振兴发展的社会空间（朱晓翔和乔家君，2020）。因此，在旅游介入的背景下，探究旅游社区可持续发展问题具有一定的现实意义。

在旅游发展下，为了谋求更高的社区经济发展水平及社区居民福祉水平，社区的生态环境、产业模式和人力资本等资源要素应得到充分调动，帮助社区居民从原有的以农业为主的单一化生计策略逐渐转变为以旅游业为主的多样化生计策略，从而大大降低旅游社区的生计脆弱性。但旅游业对乡村社区生态资源具有高度依赖性，随之而来的是社区生态系统受到不同程度的干扰，出现诸如绿地退化、耕地荒废、环境污染等问题。此外，旅游社区不仅会受到外部环境的影响，还会受到内部因素的影响，诸如政府、旅游企业、旅游从业人员、游客、社区居民等行为主体及行为触发因素的影响。行为主体是旅游干扰下社区生态系统影响效应和适应效应的直接体现，行为主体响应外在的干扰，通过利用和重新配置自身拥有的自然资本、社会资本、经济资本、物质资本等以寻找提升福祉的机会、推动旅游社区及社区生态系统服务的动态平衡发展。

旅游对社区影响的研究，大多从经济领域、生态领域、人文领域等方面出发，坚持效应导向，研究侧重点从基于静态视角对旅游社区环境承载力、旅游公地悲剧（池静等，2006）、生态补偿、旅游经济效益等问题，逐渐向基于动态视角对旅游地生态系统演进机理、调控机制、乡村社区经济环境健康与社区诉求平衡研究等方向转变。但关于旅游对社区影响的现有文献往往忽视了系统间的相互关联性，割裂了人地关系，缺乏从社区、生态、社会综合角度分析旅游社区的可持续发展（Farrell et al.，2004）。因此，从人地耦合的角度分析旅游社区对旅游的响应以探究旅游社区的可持续发展路径是亟待解决的现实问题。

"国际全球环境变化人文因素计划"(International Human Dimensions Programme on Grobal Environmental Change,IHDP)提出的"脆弱性/适应性"的概念,解释人类活动引起环境变化的起因和结果,以及人类对这些变化的响应(Janssen et al.,2006)。社会—生态系统理论和脆弱性理论,是研究适应性理论的基础。社会—生态系统强调了人类与自然间存在一种彼此依赖、相互影响的关系,二者共同构建了一个动态、多尺度耦合的人地关系系统,在系统内外因素的干扰和驱动下,具有路径依赖、多重稳态、阈值效应以及难以预测等特征(Walker et al.,2006;王俊等,2010)。脆弱性通常被定义为"在受打击情况下对环境变化和所受损失的敏感性程度",脆弱性的缓解和适应是社会—生态系统得以恢复的关键(Kasperson et al.,2001)。通过对旅游社区进行脆弱性分析,不仅可以了解社区—生态系统受到损害的程度,也可以反映出系统在受到压力或冲击后的承受能力,为旅游社区适应冲击或压力以降低损害提供了分析方法(Martha et al.,2003)。适应性理论与脆弱性理论相结合,反映了社会—生态系统应对压力和变化的能力,或在受到压力、干扰下作出的调整与响应(Smit et al.,2001;Nelson et al.,2007),旨在探究系统内部适应性与扰动之间的关系。适应性理论与脆弱性理论对本章研究旅游干扰对社区生态储存的变化,具有重要的指导意义和借鉴意义。

因此,本章将乡村社区视为一个复合生态系统,以社区生态系统脆弱性—适应性理论为支撑,将旅游开发下外部环境变化及制度变迁视为社区系统的干扰,以行为主体对干扰的感知为切入点,沿着行为主体的感知导向路径,探讨旅游多重干扰(消极影响和积极干预)下,社区行为主体(政府、农户、企业)对此产生的一系列响应策略以及与此关联下社区生态储存的动态响应演化过程,以此为旅游开发下如何推动社区生态服务价值及提升行为主体福祉提供理论参考。据此,本章按照干扰—主体响应感知—响应行为的逻辑思路,构建行为主体感知导向与系统响应路径相结合的跨尺度响应分析框架,社区生态储存对旅游干扰的响应研究,见图5-1。一方面,从社区行为主体对旅游干扰下社区经济—社会—生态系统脆弱性感知为导向分析行为主体的响应过程,即遵循适应性响应主体（政府、农户、企业等）—响应能力（脆弱性响应感知、响应行为）—响应结果（社区生态储存动态变动）的思路；另一方面，结合响应结构要素分析社区生态储存动态响应路径，即响应行为—响应能力—响应结果的思路。

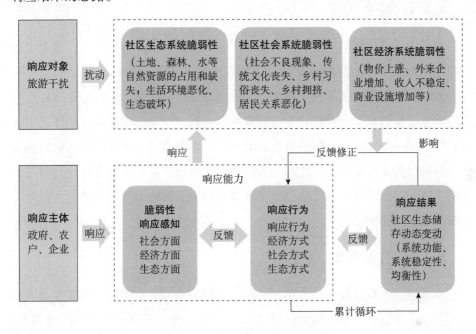

图 5-1　社区生态储存对旅游干扰的响应研究

资料来源：笔者根据社区生态储存对旅游干扰响应思路绘制而得。

　　在社区生态储存对旅游干扰的响应模型中，将旅游活动视为社区生态储存响应的外部干扰因素，在旅游活动扰动下，乡村社区复合生态系统表现出脆弱性，社区行为主体（政府和社区居民）作为响应主体对这种脆弱性从生态、经济、社会三个维度作出响应感知；根据感知强度的大小，进一步在生态方式、经济方式和社会方式三个维度构建响应行为，而行为主体响应行为能力作为社区生态储存内在导向要素会表现出不同的响应能力差异性。因此，旅游干扰下社区生态储存的响应特征，也会呈现出差异性。最终，社区生态储存动态响应表现出一种适应性响应循环过程，即社区生态储存在旅游干扰下呈现出不同的响应状态。

5.2 研究设计

5.2.1 研究区域

本章所选案例地为河南省栾川县庙子镇及陶湾镇的十个行政村。这十个行政村都为国家乡村旅游重点村，是中华人民共和国农业农村部确定的第一批"美丽乡村"建设示范乡村，这些行政村以旅游为抓手，依托优美的自然风光，成立了乡村旅游合作社，努力打造特色乡村，引导当地群众开展休闲农业乡村游，把一个贫困山村打造成集旅游地产、休闲度假、体育健身、峡谷漂流于一体的康养度假目的地。这两个乡村地区在乡村旅游方面具有较早且相对完整的发展，展示了乡村社区社会经济发展过程中从资源型开发主导向乡村旅游开发转变的典型案例。

5.2.2 数据来源

本章通过田野分析法、半结构化社区居民问卷调研及关键人物深度访谈的方式获取一手资料。调研组于2018年8~10月，对调研地进行入户问卷调查。同时，调研组还与河南省栾川县政府及庄子镇政府及陶湾镇政府合作，在其帮助下，召开座谈会与各相关部门进行交流，并通过《栾川县城乡总体规划》《栾川县峡谷旅游开发总体规划》及其他旅游开发的文件、规划和政策报告等获取二手资料。调研内容主要包括：（1）社区居民基本信息调查，包括家庭人口、就业情况、家庭收入结构、教育情况等；（2）旅游经营情况，包括旅游经营种类、旅游经营方式、旅游收入、旅游设施等；（3）对旅游开发后社区整体的感知：社区环境变化、收入情况变化、就业情况变化、社区人际关系、生活质量等；（4）对政府政策及旅游参与情况的调研。2018年12月，调研组再次对调研地的重点社区居民及关键人物进行补充调研，并对景区管委会、村干部进行深度访谈，再次确认调研资料的准确性。

调查样本基本情况统计，见表5-1。本次调研共发放问卷460份（纯社区居民38人，非旅游经营户102人，旅游经营户316人），其中，有效问卷

435 份，有效率为94.6%，重点访谈人数 12 人（见表 5 - 1）。问卷采用李克特五级量表法，并在不影响随机性的前提下，通过均值替代法对问卷量表中的缺失部分进行填充。整理问卷后发现，各问卷量表中都存在缺失值，但缺失比率均低于5%，不影响整体实证分析结果。为了降低决策者判断的主观性，社区生态储存响应状态权重指标采用熵值估算法，该方法相较于主观直接赋值具有更高的可信度。

表 5 -1　　　　　　　　　调查样本基本情况统计

特征	类别	问卷样本量（份）	占样本总数比例（%）	访谈样本量（份）	占样本总数比例（%）
性别	男	339	78.0	11	91.3
	女	96	22.0	1	8.7
年龄（岁）	<30	21	4.9	0	0.0
	30~40	122	28.0	4	33.7
	41~50	129	29.6	4	34.3
	51~60	153	35.2	3	25.5
	>60	10	2.4	1	6.5
受教育程度	未上过学	49	11.3	0	0.0
	小学	158	36.3	2	17.2
	初中	118	27.0	5	40.5
	高中（中专）	94	21.7	4	36.2
	大学以上	15	3.5	1	6.1
家庭年收入（万元）	<5	171	39.2	1	4.2
	5~10	165	37.9	4	29.5
	10~15	54	12.4	4	29.2
	15~20	20	4.5	4	30.3
	>20	26	6.0	1	6.8
旅游经营户	是	310	71.2	9	71.8
	否	125	28.8	3	28.2

资料来源：笔者根据调研数据利用 SPSS19.0 软件计算整理而得。

5.2.3　指标体系构建

5.2.3.1　旅游干扰下社区社会—生态系统脆弱性感知指标

本章将社区视为一个复合的社会—生态系统，社区在旅游的外部干扰下表现出生态子系统脆弱性、经济子系统脆弱性和社会子系统脆弱性。旅游干扰下社区社会—生态系统脆弱性感知指标，见表 5 - 2。

表 5 - 2 　　　　　旅游干扰下社区社会—生态系统脆弱性感知指标

一级指标	二级指标	三级指标	指标赋值
旅游干扰下社区社会—生态系统脆弱性	社会子系统脆弱性	民风逐渐丧失 SC1	非常反对1，反对2，一般3，赞成4，非常赞成5
		社会不良现象增加 SC2	非常反对1，反对2，一般3，赞成4，非常赞成5
		乡村习俗丧失 SC3	非常反对1，反对2，一般3，赞成4，非常赞成5
		社区更加拥挤 SC4	非常反对1，反对2，一般3，赞成4，非常赞成5
		社区人心散漫 SC5	非常反对1，反对2，一般3，赞成4，非常赞成5
		传统文化受威胁 SC6	非常反对1，反对2，一般3，赞成4，非常赞成5
	经济子系统脆弱性	农林牧受到限制 EC1	非常反对1，反对2，一般3，赞成4，非常赞成5
		外来移民挤占大量就业 EC2	非常反对1，反对2，一般3，赞成4，非常赞成5
		物价上涨 EC3	非常反对1，反对2，一般3，赞成4，非常赞成5
		外来企业增加影响本地企业发展 EC4	非常反对1，反对2，一般3，赞成4，非常赞成5
	生态子系统脆弱性	商业数量增加 BC1	非常反对1，反对2，一般3，赞成4，非常赞成5
		土壤退化 BC2	非常反对1，反对2，一般3，赞成4，非常赞成5
		建筑设施增加 BC3	非常反对1，反对2，一般3，赞成4，非常赞成5
		野生动物减少 BC4	非常反对1，反对2，一般3，赞成4，非常赞成5
		水质变差 BC5	非常反对1，反对2，一般3，赞成4，非常赞成5
		空气质量下降 BC6	非常反对1，反对2，一般3，赞成4，非常赞成5
		环境比较拥挤 BC7	非常反对1，反对2，一般3，赞成4，非常赞成5
		水电耗能增加 BC8	非常反对1，反对2，一般3，赞成4，非常赞成5

资料来源：笔者根据相关文献整理而得。

5.2.3.2 行为主体对旅游干扰的响应行为指标

参照现有文献的划分指标，本章选取了8项社区居民响应行为指标，社区居民对旅游干扰的响应行为指标，见表5-3。地方政府对旅游干扰的响应行为指标，见表5-4。以具体描述旅游干扰下社区居民和政府的适应性行为。

表5-3　　　　　　　社区居民对旅游干扰的响应行为指标

	指标	指标赋值
社区居民对旅游干扰的响应行为	自组织能力和学习能力增强（PA1）	非常反对1，反对2，一般3，赞成4，非常赞成5
	文化保护意识和行动提高（PA2）	非常反对1，反对2，一般3，赞成4，非常赞成5
	人际关系更加融洽（PA3）	非常反对1，反对2，一般3，赞成4，非常赞成5
	收入来源渠道增加（PA4）	非常反对1，反对2，一般3，赞成4，非常赞成5
	当地企业增加产品竞争力（PA5）	非常反对1，反对2，一般3，赞成4，非常赞成5
	当地企业增加产业种类（PA6）	非常反对1，反对2，一般3，赞成4，非常赞成5
	自觉保护生态环境（PA7）	非常反对1，反对2，一般3，赞成4，非常赞成5
	环保意识加强（PA8）	非常反对1，反对2，一般3，赞成4，非常赞成5

资料来源：笔者根据相关文献整理而得。

表5-4　　　　　　　地方政府对旅游干扰的响应行为指标

	指标	指标赋值
政府对旅游干扰的响应行为	注重道德风尚的引导和树立（GA1）	非常反对1，反对2，一般3，赞成4，非常赞成5
	加强对交通、治安的管制（GA2）	非常反对1，反对2，一般3，赞成4，非常赞成5
	加强对旅游效应的宣传（GA3）	非常反对1，反对2，一般3，赞成4，非常赞成5
	加大文化保护（GA4）	非常反对1，反对2，一般3，赞成4，非常赞成5
	加强收入公平分配管理（GA5）	非常反对1，反对2，一般3，赞成4，非常赞成5
	加强就业保障（GA6）	非常反对1，反对2，一般3，赞成4，非常赞成5
	提高经济服务水平（GA7）	非常反对1，反对2，一般3，赞成4，非常赞成5
	商业行为控制（GA8）	非常反对1，反对2，一般3，赞成4，非常赞成5
	加强绿色技术推广（GA9）	非常反对1，反对2，一般3，赞成4，非常赞成5
	加大生态保护投入（GA10）	非常反对1，反对2，一般3，赞成4，非常赞成5
	加强生态资源管理（GA11）	非常反对1，反对2，一般3，赞成4，非常赞成5
	加强生态环境治理（GA12）	非常反对1，反对2，一般3，赞成4，非常赞成5

资料来源：笔者根据相关文献整理而得。

5.2.3.3 社区生态储存对旅游干扰的响应行为指标

参照文献的划分指标，本书在探讨社区生态储存对旅游干扰响应状态时，将社区视为一个经济—社会—生态的复合生态系统，基于压力—状态—响应（Pressure-State-Response，PSR）模型，构建旅游干扰下社区生态储存响应状态评价指标体系，见表5-5。

表5-5　　　　　　　旅游干扰下社区生态储存响应状态评价指标体系

准则层		指标层	指标解释	权重
社区生态储存响应状态评价指标	经济系统层面	旅游经济密度	旅游经济压力（+）	0.0512
		旅游收入增长率	旅游经济压力增长速度（+）	0.0538
		第三产业增长率	第三产业压力（+）	0.0347
		旅游总收入	旅游效益状况（-）	0.0535
		旅游收入占GDP比重	地方旅游经济依存度（＊）	0.0513
		农林牧副渔占GDP比重	农业在国民经济中的地位（＊）	0.0378
		规模以上工业占GDP比重	工业在国民经济中的地位（＊）	0.0391
		财政总收入	乡村社区政府经济实力（-）	0.0363
		固定资产投资额	资本投资额度（-）	0.0313
		人均可支配收入	社区居民可支配收入水平（-）	0.0411
		产业结构多样化比率	旅游对其他产业的拉动作用（-）	0.0452
	社会系统层面	人口密度	人口压力（+）	0.0412
		游客密度	游客压力（+）	0.0478
		游客与当地社区居民比	社区人口结构（+）	0.0462
		净流出人口数	社区人口流失（+）	0.0391
		乡村从业人口数	乡村就业条件（-）	0.0388
		教育支出占GDP比重	教育扶持力度（-）	0.0531
		道路密度	交通基础设施（-）	0.0242
		用电量	公共基础设施（-）	0.0412
	生态系统层面	乡村总人口数	乡村生态环境压力（+）	0.0326
		农药使用率	农业生态环境压力（+）	0.0331
		游客垃圾排放量	游客生态环境压力（+）	0.0471
		森林砍伐	森林生态环境压力（+）	0.0311
		环保支出占GDP比重	乡村社区生态环境保护力度（-）	0.0491

注："+"表示指标与社区生态储存正相关；"-"表示指标与社区生态储存负相关；"＊"表示指标处于一个适度值。

资料来源：笔者根据相关文献整理而得。

5.2.4　指标的信度检验和效度检验

信度检验反映调查问卷数据结果的可信性，采用内部一致性系数（Cronbach α 系数）表示在同一调查问卷中调研指标设置的一致性，要求量表中求得 Cronbach α > 0.7 的指标具有一致性。通过因子分析进行因素筛选，以特征值大于 1，因素负荷量大于 0.3 为标准，剔除不可信变量。

效度检验反映调查问卷能够有效地预测研究问题，即量表的各题项与变量的符合程度。为检验量表的建构效度，对数据进行因子分析，采用主成分分析法抽取共同因子，再按照最大方差进行正交旋转，从而进行探索性因子分析。效度检验以 KMO 值大于 0.7，Bartlett 球形检验显著性概率 P = 0 为标准。

旅游干扰下的响应感知调查样本检验结果，见表 5 - 6。表中旅游干扰下社区复合生态系统脆弱性响应感知、农户响应行为感知及政府的响应行为感知的 Cronbach α 数值分别为 0.758、0.841、0.784，都通过了信度检验，说明量表指标具有内部一致性及较好的信度。在效度检验中，旅游干扰下社区复合生态系统脆弱性响应感知、农户响应行为感知及政府的响应行为感知的 KMO 数值分别为 0.963、0.765、0.862，表明取样数量较充分；Bartlett 球形检验均通过了显著性检验（P = 0），表明量表中的指标适合进行因子分析。

表 5 - 6　　　　　　　　旅游干扰下的响应感知调查样本检验结果

检验项目	KMO 数值	Barlett 球形检验	Cronbach α 数值
旅游干扰下社区复合生态系统脆弱性响应感知	0.963	近似卡方 2799.745 显著（P = 0）	0.758
农户响应行为感知	0.765	近似卡方 1252.348 显著（P = 0）	0.841
政府响应行为感知	0.862	近似卡方 2752.348 显著（P = 0）	0.784

资料来源：笔者根据调研数据应用 SPSS19.0 软件、DPSV18.10 软件计算整理而得。

5.2.5　研究方法

5.2.5.1　熵值法

（1）评价指标标准化处理：

采用正向指标计算方法，指标值越大，对系统发展越有利。

$$X_{ij}^{'} = \frac{(X_{ij} - minX_j)}{(maxX_j - minX_j)} \quad (i = 1, 2, \cdots, m; j = 1, 2, \cdots, n) \quad (5-1)$$

采用负向指标计算方法，指标值越小，对系统发展越有利。

$$X_{ij}^{'} = \frac{(minX_j - X_{ij})}{(maxX_j - minX_j)} \quad (i = 1, 2, \cdots, m; j = 1, 2, \cdots, n) \quad (5-2)$$

在式（5-1）、式（5-2）中，X_{ij} 表示第 i 年第 j 项指标的数值；max（X_j）表示所有年份中第 j 项指标的最大值；min（X_j）表示所有年份中第 j 项指标的最小值；i 表示年份，共有 m 年；j 表示项目评价指标，共有 n 项评价指标。

（2）指标信息熵计算：

$$e_j = -k \sum_{i=1}^{m} \left(\frac{X_{ij}^{'}}{\sum\limits_{i=1}^{m} X_{ij}^{'}} \times \ln \frac{X_{ij}^{'}}{\sum\limits_{i=1}^{m} X_{ij}^{'}} \right) \quad (5-3)$$

在式（5-3）中，$k = \frac{1}{\ln m}$，$0 \leqslant e_j \leqslant 1$

e_j 表示第 j 项的信息熵，$\sum\limits_{i=1}^{m} X_{ij}^{'}$ 表示第 j 项所有年份的标准化值求和。

（3）指标熵值权重的计算：

$$w_j = \frac{1 - e_j}{\sum\limits_{j=1}^{m} (1 - e_j)} \quad (5-4)$$

在式（5-4）中，w_j 表示第 j 项指标的熵权值。

5.2.5.2 主体行为综合响应指数

本书根据社区居民和政府在社会方面、经济方面、生态方面三个维度的指标评价值及响应强度权重，计算出主体行为综合响应指数，见式（5-5）：

$$CRI = \sum_{i=1}^{n} \sum_{j=1}^{m} W_{ij} A_{ij} \quad (5-5)$$

在式（5-5）中，W_{ij} 表示第 i 类响应行为维度的第 j 类响应行为项目的响应强度权重；A_{ij} 表示第 i 类响应行为维度的第 j 类响应行为项目的评价值。为了更深入地分析具体维度下行为主体的响应效度，本章分别计算了社区居民的社会响应行为指数CRI_{PA}；社区居民的经济响应行为指数CRI_{PE}；社区居民的生态响应行为指数CRI_{PB}；政府的社会响应行为指数CRI_{GA}；政府的经济响应行为指数CRI_{GE}；政府的生态响应行为指数CRI_{GB}。

5.2.5.3　社区生态储存综合响应指数

乡村是一个经济—社会—生态复合系统，本书根据系统内各子系统对旅游干扰的响应指数，综合评价社区生态储存（ecological storage state，ESS）的静态状况，具体计算公式如下：

各子系统旅游干扰响应生态响应状态指数ESS_i，见式（5-6）：

$$ESS_i = \sum_j^n w_j X_{ij}^{'} \qquad (5-6)$$

在式（5-6）中，w_j表示第 j 项响应指标的权重。

旅游干扰下社区生态储存综合响应指数 ESS，见式（5-7）：

$$ESS = \sum_i^m w_i ESS_i \qquad (5-7)$$

在式（5-7）中，w_i表示第 i 类子系统生态储存状态响应权重。

ESS 表示社区生态储存动态响应的综合得分，ESS 值越大，社区生态储存对旅游干扰的响应状态越好。

5.3　实证结果分析

5.3.1　旅游干扰下社区社会-生态系统脆弱性感知

随着旅游开发，乡村社区人地关系产生了变化，导致农耕地大量减少，建设用地不断增加，外部人口、投资大量涌入，不仅影响了乡村社区传统的产业结构，还给生态环境带来了潜在风险，这些问题都使乡村社区复合生态系统形成巨大的压力，从而增加了社区社会—生态系统的脆弱性。通过识别关键性指标，确定社区社会—生态系统脆弱性维度是分析行为主体对旅游干扰响应的关键。

5.3.1.1　探索性因子分析

社区复合生态系统脆弱性响应感知指标均值、因子载荷，见表5-7。为了确定社区社会—生态系统脆弱性的维度，本节通过探索性因子分析法提取公因子，发现四个公因子具有较大的载荷，是反映社区社会—生态系统脆弱性的关键性指标，分别将这四个公因子命名为：社会价值关系脆弱 C_1、生态系统退化 C_2、外来威胁干扰 C_3、设施干扰 C_4，累计解释总方差为 84.625%，表明这四个公因子对反映旅游干扰下社区复合生态系统脆弱性响应感知具有显著影响。

表 5-7　　　社区复合生态系统脆弱性响应感知指标均值、因子载荷

评价指标	公因子				均值	标准差
	1	2	3	4		
社会价值关系脆弱 C_1						
民风逐渐衰退 SC_1	0.735	0.098	0.153	0.049	2.710	0.771
社会不良现象增加 SC_2	0.762	0.158	0.032	-0.031	2.900	0.707
乡村习俗消失 SC_3	0.781	0.195	0.134	0.031	2.140	0.763
社区更加拥挤 SC_4	0.821	0.135	-0.012	-0.112	4.040	0.663
社区人心散漫 SC_5	0.736	0.141	0.186	0.034	2.320	0.724
传统文化受威胁 SC_6	0.785	0.162	0.132	0.061	2.270	0.635
生态系统退化 C_2						
土壤退化 BC_2	0.312	0.461	0.091	0.221	3.350	0.719
野生动物减少 BC_4	0.172	0.688	0.142	0.154	3.650	0.727
水质变差 BC_5	0.115	0.832	0.057	0.051	3.500	0.764
空气质量下降 BC_6	0.136	0.835	0.012	0.143	4.000	0.691
水电耗能增加 BC_8	0.071	0.756	0.052	0.297	3.250	0.722
外来威胁干扰 C_3						
农林受到限制 EC_1	0.165	0.124	0.711	-0.061	3.290	0.731
外来移民挤占大量就业 EC_2	0.172	0.068	0.750	0.151	3.930	0.700
物价上涨 EC_3	0.043	0.311	0.451	0.221	4.130	0.651
外来企业威胁 EC_4	0.186	0.152	0.468	0.146	3.040	0.700
设施干扰 C_4						
商业建筑数量增加 BC_1	0.010	0.031	0.052	0.798	4.040	0.676
建筑设施增加 BC_3	0.072	0.271	0.125	0.899	4.130	0.717

资料来源：笔者根据调研数据应用 SPSS19.0 软件、DPSV18.10 软件计算整理而得。

5.3.1.2 旅游干扰下社区社会—生态系统脆弱性感知分析

社会价值关系脆弱 C_1、生态系统退化 C_2、外来威胁干扰 C_3、设施干扰 C_4 四个公因子，分别反映社会子系统脆弱性、生态子系统脆弱性和经济子系统脆弱性三个方面。其中，社会价值关系脆弱、生态系统退化及外来威胁干扰的解

释方差最大,反映了旅游干扰下社区居民对社会关系和生态环境的变化感受最
显著。

从社会子系统的脆弱性来看,各项指标的均值范围在2.140~4.040区间。
其中,社区更加拥挤指标的最高均值为4.040,说明旅游干扰下外部投资者、
旅游者的大量涌入造成社区更加拥挤,社会关系更加复杂。根据当地近五年的
人口统计来看,外来人口占总人口比重逐年上涨。而民风逐渐衰退、社会不良
现象增加、乡村习俗消失、社区人心散漫及传统文化受威胁的均值都在3.000
以下,说明大多数社区居民并不赞同旅游业发展带来巨大的负面社会影响。

生态子系统脆弱性主要反映在生态系统退化 C_2 和设施干扰 C_4 两个维度,
其中,设施干扰指标中均值都在4.000以上,说明在旅游干扰背景下,涌入了
大量外部投资并加大了内部个体对旅游投资的力度,社区居民明显感知商业设
施及建筑物普遍增多。生态系统退化指标均值也比较高,旅游干扰下社区物种
多样性、土地、水质、空气等生态环境因素受到了一定影响,社区居民感知较
为明显。

从经济子系统脆弱性来看,旅游干扰下社区居民对外来移民挤占大量就
业、物价上涨感知最明显,均值分别为3.930和4.130。这表明,伴随着旅游
开发,社区居民明显感受到大量外部人员的流入,一方面,导致物价上涨;另
一方面,影响了本地社区居民的就业量,占有了一部分就业岗位。

总的来说,旅游干扰下社区居民对生态系统脆弱性感知最强烈,建筑设施
和商业数量的增加,占用了传统的农村用地,对乡村社区的产业结构、生物多
样性、自然生态都带来了直接影响;旅游对经济带来的干扰也比较直接,社区
居民普遍能够感受到物价上涨和就业状况变化;社区居民对社会关系脆弱性认
知偏低,这与文化习俗、生活习惯、社会网络关系等具有相对稳定性有关,虽
然旅游开发对社会关系产生影响,但潜伏期较长,脆弱性显现度较为缓慢;同
时,社区居民生活水平的提高增强了社区居民社会认知能力,开阔了社区居民
的社会视野。

5.3.2　旅游干扰下行为主体响应行为

5.3.2.1　社区居民响应行为分析

社区居民对旅游干扰响应行为均值、权重、因子载荷,见表5-8。通过

探索性因子分析法从社区居民响应行为八个指标中提取三个公因子，这三个公因子在社区居民对旅游干扰响应行为评价中具有较大的因子载荷，将社区居民对旅游干扰响应行为的三个公因子命名为：社会响应行为 I_1、经济响应行为 I_2 和生态响应行为 I_3，它们的解释总方差分别为 24.488%、21.305%、19.580%，累计解释方差为 65.372%，说明这三个公因子可以解释社区居民对旅游干扰的响应行为。

表5-8 社区居民对旅游干扰响应行为均值、权重、因子载荷

评价指标	公因子					
	1	2	3	均值	熵值法权重（%）	标准差
社会响应行为 I_1						
自组织能力和学习能力增强 PA_1	0.785	0.291	0.073	3.91	3.21	0.805
文化保护意识和行动提高 PA_2	0.951	0.058	0.065	4.40	3.98	0.636
人际关系更加融洽 PA_3	0.811	0.153	0.189	3.13	2.83	0.774
经济响应行为 I_2						
收入来源渠道增加 PE_4	0.256	0.762	0.163	3.93	3.67	0.842
当地企业提高自身产品的竞争力 PE_5	0.066	0.745	0.032	3.54	3.15	0.610
当地企业增加产业种类 PE_6	0.215	0.738	0.137	3.42	3.11	0.855
生态响应行为 I_3						
自觉保护生态环境 PB_7	0.133	0.015	0.869	4.56	4.13	0.499
环保意识加强 PB_8	0.227	0.264	0.793	4.36	4.01	0.595

资料来源：笔者根据调研数据应用SPSS19.0软件、DPSV18.10软件计算整理而得。

从社区居民社会响应行为来看，在旅游干扰下，外部资源、外来人口等的流入，社区内竞争加剧，社区居民对自组织能力和学习能力增强（均值为3.91）、文化保护意识和行动提高（均值为4.40）的社会响应行为认知较为统一，社区居民认识到自身能力的提高和社区传统文化资源保护的重要性。从社区居民经济响应行为来看，社区居民认识到通过增加生计方式的多样性可以提高收益水平，收入来源渠道增加均值最高（均值为3.93）。同时，旅游开发给当地企业带来了竞争，当地企业应提高产品竞争力，发展多种产业种类以应对外来干扰。从社区居民生态响应行为来看，社区居民的生态响应行为认知评价都较高，均值都在4.30以上，说明社区居民对生态资源的保护意识和生态环

境的保护意识都很强。

5.3.2.2 政府响应行为分析

通过探索性因子分析法从政府响应行为 12 个指标中提取三个公因子，政府对旅游干扰响应行为均值、权重、因子载荷，见表 5-9，将政府对旅游干扰响应行为的三个公因子命名为：政府的社会响应行为 G_1、政府的经济响应行为 G_2 和政府的生态响应行为 G_3，其解释总方差分别为 19.778%、18.246%、28.696%，累计解释方差为 66.720%，说明这三个公因子可以解释政府对旅游干扰的响应行为。

表 5-9　　　　　　政府对旅游干扰响应行为均值、权重、因子载荷

评价指标	公因子					
	1	2	3	均值	熵值法权重（%）	标准差
政府的社会响应行为 G_1						
注重道德风尚的引导和树立 GA_1	0.736	0.179	0.251	3.89	3.11	0.679
加强对交通、治安的管制 GA_2	0.811	0.192	0.192	3.98	3.52	0.663
加强对旅游效应的宣传 GA_3	0.798	0.098	0.176	4.12	3.86	0.693
提高文化保护程度 GA_4	0.685	0.321	0.216	3.78	3.01	0.677
政府的经济响应行为 G_2						
加强收入公平分配管理 GE_5	0.134	0.781	0.125	3.15	2.89	0.738
加强就业保障 GE_6	0.226	0.825	0.202	3.42	3.15	0.789
提高经济服务水平 GE_7	0.251	0.789	0.264	3.56	3.27	0.748
政府的生态响应行为 G_3						
商业行为控制 GB_8	0.153	0.096	0.698	3.58	3.26	0.765
加强绿色技术推广 GB_9	0.283	0.102	0.766	3.67	3.31	0.691
加大生态保护投入 GB_{10}	0.215	0.207	0.982	3.78	3.28	0.684
加强生态资源管理 GB_{11}	0.161	0.233	0.799	3.82	3.41	0.711
加强生态环境治理 GB_{12}	0.214	0.412	0.648	3.64	3.16	0.722

资料来源：笔者根据调研数据应用 SPSS19.0 软件、DPSV18.10 软件计算整理而得。

从这三个公因子来看，政府的生态响应行为 G_3 解释方差最大，表明政府在生态治理方面的响应行为最显著。政府的社会响应行为 G_1 和政府的经济响应行为 G_2 的均值都大于 3.00，说明社区居民对政府响应旅游干扰的行为能力认同度较高。

从政府的生态响应行为来看，面对旅游干扰，政府在商业行为控制、加强绿色技术推广、加大生态保护投入、加强生态资源管理、加强生态环境治理方面都得到了社区居民的赞成和认可，其均值分别为 3.58、3.67、3.78、3.82、3.64。但乡村景观商业化方面、乡村整体生态环境治理方面仍需进一步加强。

从政府的社会响应行为方面来看，社区居民认同度较高，社区居民认为加强对旅游社会效应的宣传（均值为 4.12）做得最好，随着旅游开发，政府逐渐加强了对旅游社会效益的宣传，让社区居民对旅游业有深入的认识，可以促使社区居民更好地参与旅游业的发展经营。而政府在加强对交通、治安的管制（均值为 3.98）、注意道德风尚的引导和树立（均值为 3.89）及提高文化保护程度（均值为 3.78）方面，做得比较好。

旅游干扰下政府的经济响应行为的评价值，均低于政府的生态响应行为的评价值和政府的社会响应行为的评价值，反映了随着旅游发展，政府在加强生态环境治理、加强生态资源管理、注重道德风尚的引导和树立等方面作出了较大贡献，但政府在发展旅游过程中仍存在分配不公的现象，旅游开发的效益并不能普惠所有社区居民，政府还应在加强就业保障、加强经济服务、加强收入公平分配管理等方面进一步加强。

5.3.2.3　行为主体对旅游干扰响应的综合评价

研究社区生态储存对旅游干扰的响应，主要是基于社区生态系统内部行为主体对旅游干扰响应的角度进行分析的，社区生态储存的变动是旅游干扰下社区行为主体的反应行为所产生的社区生态系统服务价值、生态福祉的变动。因此，旅游干扰下社区居民和政府对旅游干扰响应行为的综合评价，在一定程度上可以反映社区生态储存的调整与响应。

综上所述，旅游干扰下社区生态储存的动态响应表现为，社区内行为主体（政府及社区居民）基于对社区生态系统社会方面、经济方面及生态方面脆弱性的感知，从社会方式、经济方式、生态方式三个维度作出资源的调整与优化配置，保障更好地获取社区复合生态系统中更高的生态服务价值，从而提高自身的生态福祉。

行为主体对旅游干扰的综合响应指数，见表 5 - 10。通过表可知，社区居民和政府对旅游干扰响应行为的综合评价指数均处于中等水平且差异不大，指标值不同但政府对旅游干扰的响应行为相对于社区居民对旅游干扰的响应行为能够更加有效地促进社区生态储存的可持续发展。从不同维度的响应行为来看，乡村社区生态环境的变化，如空气环境、水环境的变化、社区内景观的设置及土地、森林、河流等自然资源状态直接作用于社区内各个行为主体，也是行为主体响应旅游干扰最直观的反映因素。同时，旅游开发，会进一步推动当地政府和社区居民加强对生态资源、自然资源的保护与管理，促进乡村社区生态环境与旅游开发的良性循环，因此，无论是社区居民还是政府对生态维度的响应评价都比其他维度高。

表 5 - 10　　　　　　　　行为主体对旅游干扰的综合响应指数

社区居民响应指标	CRI_{PA}	CRI_{PE}	CRI_{PB}	综合 CRI
社区居民响应指标值	3.402	3.325	4.071	3.007
政府响应指标	CRI_{GA}	CRI_{GE}	CRI_{GB}	综合 CRI
政府响应指标值	3.385	3.111	4.065	3.281

资料来源：笔者根据调研数据应用 SPSS19.0 软件、DPSV18.10 软件计算整理而得。

传统文化、风俗习惯是旅游开发的重要资源，旅游开发能够扩大社区文化氛围，延伸文化旅游产业链；同时，社区居民参与旅游开发，能够提高自身的文化保护意识和文化传承意识，不断增强自组织能力和学习能力，从而能够多渠道地获取旅游开发带来的收益。旅游业作为综合性产业，旅游开发综合效益明显，旅游业发展，带动其他相关产业同时发展，提供很多直接就业岗位和间接就业岗位，吸引大批外出务工的社区居民返乡就业、创业。因此，旅游开发是缓解乡村留守儿童、留守老人、妇女问题的一种有效方式，对维系和睦的家庭关系和邻里关系有着重要意义。

然而，社区居民参与旅游开发并不均衡。调研发现，社区中村干部等群体参与旅游开发的层次、种类、资源和收益等比一般的社区居民要多，甚至剥夺了部分社区居民参与的权利，乡村中没有任何资本的贫困户没有参与旅游的机会。乡村社区中由旅游开发带来的红利并不能在所有社区居民中平均分配，政府在调整经济资源分配、收益公平分配方面受到市场规律的限制，显得无能为力。因此，政府在通过经济收益为社区居民增加福利方面仍有较大的提升空间。

5.3.3 社区生态储存的动态响应评价

生态储存可用于刻画人类活动干扰下及自然活动干扰下土地可利用变化与生态系统服务价值间相互关系的综合表达（张建军，2011）。社区生态储存是反映生态系统恢复力、可持续发展的重要前提，是生态系统服务功能对外部扰动的一种响应状态。

社区作为一个经济—社会—生态复合生态系统，其各个子系统之间相互协调，应对旅游干扰产生不同的响应状态，本书通过对 2013 ~ 2019 年调研地旅游干扰下土地利用结构、社区旅游经济结构、社区人口密度等社会问题变化的调研，旅游干扰下乡村社区经济子系统、社会子系统和生态子系统的动态响应综合指数，见表 5 – 11。

表 5 – 11　　　　旅游干扰下乡村社区经济子系统、社会子系统
和生态子系统的动态响应综合指数

项目	2013 年	2014 年	2015 年	2016 年	2017 年	2018 年	2019 年
经济系统响应指数	0.492	0.513	0.527	0.532	0.582	0.639	0.688
社会系统响应指数	0.469	0.485	0.492	0.536	0.663	0.675	0.71
生态系统响应指数	0.487	0.489	0.501	0.569	0.678	0.716	0.725
社区生态储存综合响应指数	0.482	0.495	0.506	0.545	0.641	0.676	0.707

资料来源：笔者根据调研数据应用 SPSS 19.0 软件、DPS V18.10 软件计算整理而得。

2013 ~ 2016 年，全域旅游的提出促进旅游业进入快速发展时期。该阶段，政府制定旅游立县战略，大力引入资本投入旅游开发中、构建旅游相关基础设施及旅游公共服务，在促进旅游业发展中起到主导作用。但是，河南省栾川县地处贫困山区，耕地资源有限，社会—生态系统服务价值水平基础较低，导致社区居民参与能力偏低、社区响应强度受限，因此，这一阶段旅游干扰下社区生态储存响应表现为平稳发展状态。

在 2016 年以后，随着全景旅游、智慧旅游等发展战略的提出，调研地旅

游业进入整合开发下的高质量发展时期，该阶段社区整体产业结构不断转型升级，旅游业逐步成为社会经济发展的主导产业、支柱产业。在该时期，游客人数及旅游收入在一个较大基数上进入增速放缓阶段。虽然旅游业发展带来的环境污染、交通及资源承载等方面的压力效应强度增加，但旅游业发展促进了社会财政、固定资产、教育及交通等社会发展要素投入增加，促进了社区居民生计资本及生计策略的丰富，社区对旅游干扰的正向响应效应增加更快，使得该时期旅游干扰下社区生态储存综合响应进入快速发展状态。

本书基于大卫·J.（David J.，1979）提出的状态—压力—响应模型（PSR模型）解释旅游干扰下社区生态储存的动态响应状态。旅游干扰的负向压力因素主要表现为旅游业发展对传统农业及工业经济发展的冲击、旅游开发带来的社区人口密度和游客密度的增加、旅游污染的增大；然而，随着社区生态系统响应行为能力的不断提高，旅游干扰带来的压力强度在逐渐降低，社区生态储存综合响应状态不断正向发展。2013～2019年，社区旅游研究正处于快速发展阶段，旅游开发带来的正向响应效应与负向压力效应共存。一方面，旅游开发改善了社区经济、社会及生态本底状态，推动了地区产业结构的转型升级和社区居民生计策略的多元化发展；另一方面，旅游开发引致的社区游客与社区居民人口比重、生态环境资源等压力巨大，当旅游干扰对社区生态系统的负向压力效应小于社区生态系统的正向响应效应时，社区生态储存综合响应指数表现出正向可持续发展。2013～2019年社区生态储存熵变趋势，见图5－2。

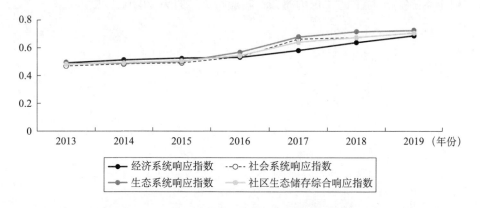

图 5－2　2013～2019 年社区生态储存熵变趋势

资料来源：笔者根据调研数据运用 SPSS19.0 软件、DPSV18.10 软件计算整理绘制而得。

5.4　本章小结

　　本章基于系统适应性理论、脆弱性理论，以系统要素协同响应为切入点，研究乡村旅游多重干扰（消极影响和积极干预）下，社区行为主体对旅游开发的响应感知评价、响应行为及社区生态储存综合响应评价。

　　首先，从社区居民的响应行为角度分析，旅游开发提高了社区居民对生态环境、生态资源在生计发展中重要性的认识。旅游开发能够促使社区居民有意识地加强对生态环境、生态资源及文化资源的保护，增强社区居民自组织能力和学习能力，通过采取多样化的生计方式来提高收益水平。其次，从政府的响应行为角度分析，政府的景观维护、商业行为控制、加强绿色技术推广、加大生态保护投入、加强生态资源管理及加强生态环境治理等生态响应行为都得到了社区居民的赞成，但政府应进一步加强对乡村景观商业化方面的治理、对乡村整体生态环境的治理。同时，社区居民对政府的社会响应行为的认同度也较高，社区居民认为政府能够较好地进行旅游社会效益的宣传，可以促使社区居民更好地参与旅游业的发展经营。然而，旅游干扰下的政府响应指标值较低，政府应不断地加强政府对经济资源的公平分配，以保障社区居民通过旅游开发增加福祉水平。最后，旅游干扰下社区生态储存综合响应状态，表现为社区行为主体在旅游干扰下的"压力感知—响应行为"的综合响应结果。

第6章 旅游干扰下社区生态储存平衡演进的理论判定

本章主要基于社会—生态系统相关理论，以旅游地社区为研究对象，构建旅游干扰下社区生态储存平衡演进的理论体系。本章通过对旅游地社区复合生态系统的边界、特征进行分析，构建旅游干扰下社区生态储存平衡演进的研究框架。界定旅游地社区生态储存的概念，借鉴耦合理论，基于社区内子系统及旅游产业系统的耦合关系，划分社区生态储存平衡演进阶段及其平衡演进机制。

6.1 旅游地社区复合生态系统分析

6.1.1 旅游地社区复合生态系统范围界定

从根本上说，旅游地社区是一个具有复杂社会关系的开放区域（谢方和徐志文，2017）。旅游地社区是以区域内社区居民的行为为主导，以自然环境为依托，以文化精神为沉淀，以旅游产业为引领的自然、社会、经济复合生态系统，包括自然子系统、社会子系统、经济子系统（王如松和欧阳志云，2012）。要对旅游地社区复合生态系统的服务价值进行测度与评价，首要问题是恰当地界定旅游地社区复合生态系统的范围。

6.1.1.1 基于地域范围的界定

旅游地社区处于一个特定的地域范围内，以社区原有的地域范围为界，以发展旅游为目的来界定研究范围。根据社区地域范围，可以将旅游地社区复合生态系统划分为大、中、小不同的地域尺度。其中，大地域尺度的旅游地社区可以为国家或全球；中地域尺度的旅游地社区主要指，省级、市级、县级；小地域尺度的旅游地社区，主要包括乡镇、小型旅游景区等。

6.1.1.2 基于系统要素的界定

旅游地社区是一个由人类社会、经济活动和自然条件共同组成的，具有复杂性、动态性的复合生态系统统一体（Farrel and Twining - Ward，2004）。在这个系统内，包括生态系统要素、经济系统要素、社会系统要素三大要素，生态系统要素主要包括地域内的自然资源状况、生物物种的种类、社区的地质、地貌、商品与物质资料等；经济系统要素主要是指，社区的经济类型、产业活动、生产方式、商业往来、收入及利益分配等；社会系统要素主要是指，人口、政策、社会结构、社区文化、教育、医疗卫生、科技、传统风俗习惯及社区居民生活等。旅游地社区是由不同要素构成的统一体，不同要素间的相互作用决定了系统的特征和变化（Rosenau，1997；Cumming et al.，2005；余中元等，2015）。

旅游地社区作为一个多要素、多关联组成的复合生态系统，反映了一种独特的人地关系，系统内部要素结构合理、功能完善，才能使旅游地社区生态储存持续平衡、复合生态系统服务价值不断提升。

旅游地社区一般都具有较为优越的自然资源优势，赋予社区生态系统巨大的人口承载力，成为社区居民生产、生活的基础平台，在传统农耕时代，呈现出人地和谐共生的局面。然而，随着旅游业的开发，社区发展过分依赖生态系统，人口集聚、旅游经营活动侵占了大量农田和生态自然资源，社区成为一个承载农耕、养殖、商业发展、旅游开发、供水、排污等的多功能区，超出了社区生态系统的承载力，导致社区人地关系不和谐，复合生态系统服务价值下降，生态储存不平衡等现象。

6.1.2 旅游地社区复合生态系统特征分析

借鉴社会复合生态系统的特征，结合旅游开发的相关要素，进一步分析旅游地社区复合生态系统的特征。

6.1.2.1　旅游地社区更具开放性

旅游开发导致旅游地社区与外界环境之间高度密切交流，人流、物流、信息流、资源流等在系统内部和系统外部间流进和流出，使旅游地社区复合系统处于"平衡—不平衡—平衡"的循环变化之中，使旅游地社区更具开放性和复杂性（陈娅玲，2013）。

6.1.2.2　旅游业发展是社区演变的主要驱动力

旅游地社区以旅游业为基础产业，旅游业发展引起社区内资源消耗、人口增长、经济发展、物种入侵、生活方式等发生改变（Gonzalez et al.，2008），旅游业发展不仅直接引起社区内人流、物流、信息流、资源流等的交互转化，还间接引起外来物种、自然资本、人力资源等发生交互关系，在内外要素间互动、影响的同时，推动了社区复合生态系统的演变。

6.1.2.3　具有较强的脆弱性，远离平衡状态

在旅游干扰下，旅游地社区受到内部系统要素间交互作用及外来资源、游客等的双重干扰，使旅游地社区复合生态系统内部要素与关系不断发生改变，从而表现为系统的脆弱性。例如，在旅游干扰下，旅游地内部不同社区居民的生计策略不同，带来了不同的收入水平和风险遭遇等，这些差异导致系统偏离平衡状态。

6.1.2.4　旅游地社区系统要素间存在非线性关系

旅游地社区系统内不同要素间、子系统间以及社区与外界之间会发生相互作用，但作用力度并不相同，彼此间存在一种非线性关系。例如，旅游开发促进社区经济增长与规模扩大，也会导致社区的耕地减少、水资源短缺、生态环境污染等生态系统内要素的破坏，从而制约了旅游地社区经济子系统和社会子系统的可持续发展，形成一种负反馈式的非线性效应。然而，随着旅游开发，旅游地社区经济子系统的服务价值不断提升，政府和农户通过先进的技术与治理方式以及自身环保意识的加强，实现对社区生态环境、自然资源的保护，形成生态子系统正反馈式的非线性效应。长期来看，正负反馈式的非线性效应相互作用，导致旅游地社区复合生态系统的演化发展。

6.1.2.5 旅游地社区复合生态系统具有多重稳定均衡

旅游地社区复合生态系统存在非线性作用机制，从而导致系统可以同时出现两个或两个以上的均衡状态。然而，针对旅游地社区复合生态系统的多重均衡状态存在高效率和低效率的差异，应以保持旅游地社区复合生态系统较高的生态服务价值、生态福祉为目标和出发点，根据不同均衡状态的特点，优化并扭转低效率的均衡状态，实现旅游地社区复合生态系统耗散结构的预期目标以及系统的自组织发展演化目标。

6.1.2.6 旅游地社区复合生态系统要素具有时间差异

旅游地社区复合生态系统要素在时间序列上存在明显的季节性，且不同子系统间的耦合发展呈现出不同的时间特征。旅游业的发展基于社区复合生态系统不同时间阶段的特征表现出明显的季节性，反映了旅游活动与生态系统承载力在时间上具有高度匹配性。

6.1.3 旅游地社区复合生态系统内部要素间的关系

旅游地社区复合生态系统内部各要素间以及系统与外部环境间存在着复杂的关联性（Anderies et al. , 2004）。旅游开发对社区人地关系产生了扰动，从而使得系统内要素间的联系发生了变化，进而影响社区生态服务价值和社区生态系统的演化，因此，分析旅游地社区复合生态系统内部要素间关系对提升社区整体生态服务价值具有重要意义。

旅游地社区复合生态系统包含生态子系统、经济子系统和社会子系统三个子系统。

生态子系统是指，在特定社会所处的地理位置下，直接或间接影响生物生存和发展的各种自然因素的总和，包括气候、水、土壤、地形等自然条件及土地、矿产等自然资源（任建兰等，2018）。社区生态子系统内部生态资源要素、地貌地质特征是旅游地社区空间生产的场域，为社区居民提供社会经济活动的空间载体及生产生活的物质循环、能量流动和信息传递。社区生态系统要素的状态可以直接或间接地影响社区居民的生计资本、生计策略及社会关系等经济系统要素和社会系统要素。

社会子系统反映了区域内人地相互作用过程中形成的社会行为及地域文

化，包括物质文化、精神文化及制度文化三个层面。旅游地社区社会文化子系统反映了社区居民、游客及旅游经营者间的社会关系行为及社区内人类活动影响下积淀的各种文化，包括社区的历史文化沉淀、政府的治理决策、社区居民的文化水平、社区居民对旅游的认识、社区居民对文化及生态资源的保护行为等，都将影响社区复合生态系统的服务价值及可持续性。

经济子系统反映了社区居民、游客及旅游从业者间对生态资源开发和利用的物质生产活动及彼此间生产、分配、交换及消费的经济互动，经济子系统内部各种经济活动与生态环境系统进行物质、能量及信息的循环传递，实现社区自然系统的物质化，可以直接影响社区居民生计资本的大小，从而间接影响社区居民的生态保护意识及文化知识水平。

外在的自然因素、经济因素等通过旅游开发会影响社区的资源和基础设施，同时，社会因素，如移民、商品价格、商业关系等又会对社区内生态子系统、社会子系统、经济子系统产生扰动，导致生态承载负荷、人员冲突、就业机会剥夺等问题。

旅游地社区复合生态系统内部各子系统的要素间相互作用、相辅相成。其中，生态子系统内部要素为社区居民及其他行为主体的各种社会经济活动提供资源和空间；经济子系统反映了社区内人类与自然的交互方式；社会子系统汲取了生态子系统和经济子系统的规律，创造了人类在社区中的各种行为关系及文化制度。各个子系统若能在时间、空间，结构、数量及秩序等方面形成协同耦合关系，就能够推动社区生态储存平衡的演化发展。

6.1.4　旅游地社区复合生态系统景观格局

旅游地社区复合生态系统景观格局可以视为一种表现旅游地经济、社会、生态多维复合网络的生态系统，包括社区内产业结构、交通便捷性、生产供给、基础设施、土地利用率、社区居民收益方式等；社会生活景观，包括社区的社会体制、社区居民生活状况、文化传承、风俗习惯、历史遗存、宗教信仰、伦理风尚等；生态环境景观，包括社区空间格局、土地开发程度、自然资源状况、物种多样性、水文过程、气候条件、生态环境。旅游地社区景观格局反映了各子系统要素在时间、空间、能量、结构、顺序上的相互作用（史永亮等，2007)，表现出社区内各子系统个体与整体、内部与外部、主观与客观、过去与未来间的联系。旅游地社区景观格局注重人类活动和社区复合生态系统结构与功能在时间和空间上的耦合演化，将人类活动作为系统景观的组成要素，注重社区各子系统间的互动关系，在对各个子系统要素综合分析的基础上，研究景观格局的动态变化、交互作用下的系统演化过程。

为了实现社区生态储存的平衡，社区行为主体（政府与农户）从经济、社会、生态三个方面响应旅游对景观格局的干扰，遵循系统生态服务价值可持续发展、区域分异及社区系统优化的原则，在保护、开发社区生态资源的前提下，不断地调整生计策略、提高生计资本，努力解决经济社会发展与生态环境保护之间的矛盾，促进旅游地社区复合生态系统的可持续发展。

6.1.5 旅游地社区复合生态系统的外部性分析

旅游地社区生态系统的破坏、自然资源的浪费及环境污染，是市场失灵及政府失灵的表现。生态环境、自然资源等属于公共物品，资源产权不明确及信息不对称等引起负外部性效应。基于政府对系统要素认识不足，对旅游开发的响应效度受限，表现出政策目标单一、管制力度低效率等政府失灵问题，从而导致系统负外部效应。然而，系统的外部性效应有负外部性效应，也有正外部性效应。当社区内的行为主体能够不断提高对干扰的响应力度并提高自组织意识时，有利于社区生态资源、文化价值等的保护；有助于社区经济发展和社会系统和谐发展。通过分析系统外部性效应，进一步研究外部性效应的影响：假设 M 是外部性的影响因素，N 是外部性的产生因素，X_1，X_2 为生产投入，则 M 的产出函数为：

$$M = U (X_1, X_2) \qquad (6-1)$$

N 的生产函数为：

$$N = F (X_1) \qquad (6-2)$$

X_2 为 N 生产性行为导致的外部性影响，且 N 生产行为通过 X_2 对 M 产生影响，得出外部性影响函数：

$$X_2 = G (N) \qquad (6-3)$$

当外部性加大对 M 的影响状况，取决于 N 生产性行为产生效果的正、负值，具体可以表现为以下四种情况。

①外部经济：当 $\dfrac{dX_2}{dN}>0$ 且 $\dfrac{dM}{dX_2}>0$ 时，随着 N 产量的增加，外部影响性 X_2 也增加，则伴随着 M 投入增加，导致 M 的产出增加，表现为外部经济。例如，随着旅游开发，农户收益增加，则会进一步投资乡村旅游业的经营活动，从而表现为乡村经济与旅游业的共同发展。

②外部经济：当 $\dfrac{dX_2}{dN}<0$ 且 $\dfrac{dM}{dX_2}<0$ 时，随着 N 产量的增加，外部性影响 X_2 的数量减少，具有负相关效应；则对于 M 而言，X_2 投入降低，导致 M 的产出增加，因此，这种情况仍为外部经济。例如，随着旅游开发，社区居民环保意识增强，加强对生态环境的保护，降低对生态资源的利用，能够优化和改善生态系统的服务价值，而生态系统的优化和改善可以进一步推动旅游业发展。

③外部不经济，当 $\dfrac{dX_2}{dN}<0$ 且 $\dfrac{dM}{dX_2}>0$ 时，随着 N 产量的增加，外部性影响 X_2 的数量减少，具有负相关效应；则对于 M 而言，X_2 投入降低，导致 M 的产出降低，表现为外部不经济。

④外部不经济，当 $\dfrac{dX_2}{dN}>0$ 且 $\dfrac{dM}{dX_2}<0$ 时，随着 N 产量的增加，外部性影响 X_2 的数量增加，具有正相关效应；则对于 M 而言，X_2 投入增加，导致 M 的产出降低，表现为外部不经济。

旅游开发给社区复合生态系统带来的外部性影响效应突出。一方面，随着乡村旅游开发，社区人口、投资会在短时间内积聚，当人口、投资增加规模超过了社区复合生态系统承载力时，就会导致乡村社区土地资源浪费、生态环境破坏、生物多样性减少、社会冲突等问题，给社区复合生态系统带来巨大威胁，引起社区生态系统服务价值降低。另外，乡村旅游开发将生态资源、传统文化转化为旅游资源，将社区涵养水源的森林、湖泊、耕地转化为旅游建设用地。若没有相应的资源保护措施，就会导致生态资源不可逆的浪费，造成社区复合生态系统失衡，则乡村旅游开发表现为负外部性效应。另一方面，乡村旅游开发也会带来正外部性收益，乡村旅游开发能够有效地提升社区居民的生计资本和生计策略，是乡村经济发展的重要手段，是精准扶贫的重要方式。因此，认识和引导旅游干扰外部性特征，积极主动地响应旅游干扰，有助于实现社区生态储存平衡发展。

6.2 旅游干扰下社区生态储存平衡演进

6.2.1 社区生态储存平衡内涵的界定

随着旅游业的开发与发展，社区内生态子系统、经济子系统和社会子系统内部各要素与旅游业开发带来的外部要素间相互作用，发生着各种物质流、资源流、能量流、人力流及信息流等的交换，从而社区复合生态系统在外部干扰下向消极方向发展或向积极方向发展，社区生态储存从一种稳定状态向另外一种稳定状态转变。

从旅游地社区复合生态系统外部性来看，当系统内部子系统间或系统要素间处于一种外部经济时，社区复合生态系统的服务价值就会提高，表现为社区整体生态储存增加。然而，当社区生态储存状态最高时，并不意味着社区复合生态系统内部一定为服务功能最优组合。社区复合生态系统内部要素具有服务功能优势和劣势，当社区复合生态系统的稳定状态（社区生态储存状态）向高水平服务价值状态转换时，并不表示社区复合生态系统内部各子系统的服务功能价值均会提高。例如，农田生态系统向旅游生态系统转换时，虽然可以提升区域内整体生态储存状态（文化服务功能和调节服务功能），但社区原有的系统供给服务功能却会下降。因此，社区复合生态系统应以追求生态系统服务价值最大化为目标，实现社区生态储存内外部的均衡发展。在提高生态储存状态的同时，协调社区复合生态系统内各子系统服务功能的平衡发展。

综上所述，本章在归纳现有社会—生态系统服务价值相关研究结论的基础上，提出社区生态储存平衡的概念。社区生态储存平衡可以理解为在社区复合生态系统内各子系统协同耦合发展的战略目标的指引下，从系统内各要素结构与外部干扰间的有序协同互动入手，提升社区的社会价值理念，调整社区经济产业结构、规范创新社区管理制度，对社区居民及相关行为主体的生产、流通、消费等社会经济活动进行调控，从而推动各子系统服务功能的均衡发展，社区复合生态系统在服务价值最大化的稳定状态下实现均衡发展。具体有以下三个特点。

（1）社区生态储存状态与社区复合生态系统内部各子系统服务功能的转变、互动密切相关。社区内不同子系统交互影响，系统要素之间相互转换，可能导致社区生态储存状态上升或下降，从而引起社区内各个子系统生态服务功能增强或减弱。社区复合生态系统在外部系统要素和内部系统变化的干扰下，将会重新配置内部生态系统服务功能结构，因此，在保证社区生态储存状态转变的前提下，需要追求社区复合生态系统各子系统的耦合发展，将社区外部干扰要素与内部系统服务功能转化相对接，找到二者的平衡点，实现社区生态储存的稳态发展。

（2）社区生态储存平衡具有动态易变性。社区复合生态系统内部各子系统间相互影响、相互作用不断地发生转换，这使社区生态储存状态及社区生态系统服务价值不断发生变化。随着旅游业发展，人类活动对社区系统的干扰将越来越强烈，系统各要素间的互动关系也变得越来越密切，社区生态储存平衡状态将会不断被打破、不断形成新的均衡，从而在"平衡—不平衡—平衡"的转变过程中实现动态演化。

（3）社区生态储存平衡具有相对性。社区生态储存具有动态易变性，因此，社区复合生态系统内外部要素间只是在一个时间段内达到平衡状态。任何要素的变化都会打破这种平衡，社区生态储存状态随之变化，社区复合生态系统内部子系统与外部要素间在不断寻求整体平衡或局部平衡，从而实现社区生态储存的平衡。

6.2.2　社区生态储存平衡演进状态的研判

旅游地社区复合生态系统内各子系统要素、能量流间的交互作用，形成各子系统的耦合关系，社区生态存储在系统耦合状态下实现平衡。在旅游干扰下，识别社区生态储存平衡状态的特征，需要判断社区生态环境的外部压力、社区生态环境的承载力及社区行为主体的响应力三者间的耦合关系。本书将旅游地社区系统耦合度表示为系统耦合指数（system coupling index，SCI），通过生态环境承载力指数（ecological environment carrying index，EECI）、生态环境压力指数（ecological environment pressure index，EEPI）及反馈指数（feedback index，FI）三个变量来衡量。具体模型如下：

$$SCI = (EECI - EEPI) + FI \qquad (6-4)$$

当旅游地社区系统耦合指数 SCI < 0，反馈指数 FI < 0 且（EECI - EEPI）< 0 时，表示旅游地社区各个子系统的耦合关系极端不协调，社区生态储存处于完全失衡状态，即旅游干扰对社区生态承载力带来超负荷影响，且社区复合生态系统内各子系统间呈现负反馈关系。子系统间耦合关系不协调带来的负外部效应，导致社区内生态环境恶化、社区内社会经济发展倒退。

当旅游地社区系统耦合指数 SCI < 0，反馈指数 FI > 0 且（EECI - EEPI）< 0 时，表示旅游地社区各子系统的耦合关系阶段性不协调，社区生态储存处于阶段性失衡状态，即旅游干扰对社区生态承载力带来超负荷影响，但社区复合生态系统内各子系统间呈现正反馈关系，社区复合生态系统内各子系统间耦合关系的不协调通过不断反馈、逐渐调整，其各子系统间逐步形成一种适应性耦合阶段。虽然旅游开发给社区发展带来脆弱性，但随着社区复合生态系统内各子系统间反馈的量变，行为主体的适应性响应会逐步扭转系统间耦合的不协调，实现社区生态储存的"S"形螺旋平衡。

当旅游地社区系统耦合指数 SCI > 0，反馈指数 FI < 0 且（EECI - EEPI）> 0 时，表示旅游地社区各子系统的耦合关系为协调共生，社区生态储存处于高阶层平衡状态，即旅游干扰对社区生态系统带来的压力在承载范围内，但系统间呈现负反馈关系，社区系统间的耦合关系不能得到正向反馈，形成阻抗式耦合。系统间的解耦关系导致社区复合生态系统的脆弱性，社区复合生态系统内各子系统间的负反馈作用不断积累，社区生态系统间的耦合关系存在恶化发展趋势，社区生态储存平衡易出现拐点。

当旅游地社区系统耦合指数 SCI < 0，反馈指数 FI < 0 且（EECI - EEPI）> 0 时，表示旅游地社区各子系统的耦合关系阶段性不协调，社区生态储存处于阶段性失衡状态，即旅游干扰对社区生态承载力未达到上限，但社区复合生态系统内各子系统间呈现负反馈关系，且社区系统间耦合关系不能得到正向反馈，导致社区生态储存表现为向下的螺旋式平衡。

当旅游地社区系统耦合指数 SCI > 0，反馈指数 FI > 0 且（EECI - EEPI）> 0

时，表示旅游地社区复合生态系统内各子系统的耦合关系处于完全协同阶段，社区生态储存处于高阶层平衡状态，即旅游干扰对社区生产生活、生态环境、经济发展带来正向外部性，社区生态承载力存在盈余，在社区复合生态系统内各子系统间正反馈的作用下，社区内子系统不断优化耦合结构，并随着正反馈作用的积累，社区生态系统的压力不断降低，社区生态承载力盈余不断扩大，社区复合生态系统良性循环发展，导致社区生态储存实现高水平的平衡状态。

6.2.3 社区生态储存平衡演进类型划分

社区复合生态系统内部各子系统间相互作用、子系统内部要素与子系统外部要素间的互动作用机制具有一定规律性和趋势性，因此，根据不同的经济社会发展背景、社区的生态系统状况、旅游开发特征，将社区生态储存平衡的类型划分为以下六种。

（1）低水平协调平衡，见图6-1。该类型的社区生态系统承载力较强，但社会经济发展水平低，社区产业结构以传统农耕业为主，旅游业的开发处于初级阶段，旅游干扰尚未对社区生态系统承载力构成威胁，社区生态系统负荷压力较小。因此，在该类型下，社区生态储存在低水平状态下达到平衡。

（2）生态脆弱型平衡，见图6-2。该类型的社区生态系统承载力低，经济子系统、社会子系统服务价值也不高，经济系统的发展尚未威胁生态系统的服务价值，然而，随着旅游开发，在旅游干扰下社区生态系统的承载力将会快速下降，当外部干扰超过生态系统承载力临界值时，社区生态储存平衡将会被打破。社区生态系统服务价值下降，将会进一步降低经济子系统和社会子系统的服务价值，社区生态储存平衡转化拐点出现。

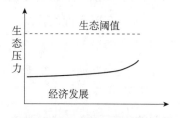

图6-1 低水平协调平衡

资料来源：笔者根据社区生态储存平衡演进类型绘制而得。

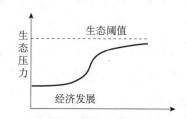

图6-2 生态脆弱型平衡

资料来源：笔者根据社区生态储存平衡演进类型绘制而得。

（3）生态主导型平衡，见图6-3。该类型的社区自然资源、生态条件优越，然而，社区生态子系统要素配置较低，社区经济子系统、社会子系统发展水平较低，旅游干扰程度较低，社区的生态系统承载力远离阈值，社区生态储存平衡转化的时间拐点较晚出现。

（4）经济主导型平衡，见图6-4。该类型的社区经济子系统、社会子系统发展水平较高，交通区位较好，旅游开发较早，社区各子系统及行为主体响应旅游干扰不断调整资源要素配置。在旅游干扰下，外部系统要素向系统内集聚，一方面，可以进一步提升社区经济子系统和社会子系统的服务价值；另一方面，又会给社区生态子系统的环境承载力带来压力。当干扰强度超过社区生态系统承载力阈值，社区生态子系统要素间转换的负外部性较大时，社区生态储存状态会呈现负向增长状态；当社区经济子系统、社会子系统和生态子系统要素能够对旅游干扰作出正向响应时，通过政府治理、农户自组织能力和学习能力的提升，促使社区生态储存状态呈现正向增长状态。

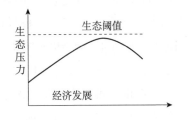

图6-3　生态主导型平衡

资料来源：笔者根据社区生态储存平衡演进类型绘制而得。

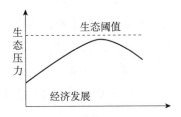

图6-4　经济主导型平衡

资料来源：笔者根据社区生态储存平衡演进类型绘制而得。

（5）同步协同型平衡，见图6-5。该类型社区生态环境承载力较高，同时，社区经济子系统和社会子系统运行良好，社区生态服务价值较高，旅游活动的干扰与响应可以缓解生态承载力，从而表现出旅游活动对生态子系统的干扰不显著，生态子系统转换阈值不明显。因此，社区生态储存平衡变化远离拐点，振幅不大。

（6）逐步适应型平衡，见图6-6。该类型的生态环境承载力没有同步协同型平衡高，经济子系统服务价值增长缓慢，经济响应能力呈现阶梯状变化趋势，社区生态子系统在旅游干扰及生态系统承载力阈值约束下，表现出系统间逐步转换的过程。社区生态储存平衡转换拐点不断出现，但最终被控制在最大临界值范围内，社区生态储存趋于阶段性波动平衡发展。

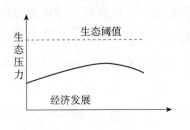

图6－5　同步协同型平衡

资料来源：笔者根据社区生态储存平衡演进类型绘制而得。

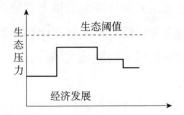

图6－6　逐步适应型平衡

资料来源：笔者根据社区生态储存平衡演进类型绘制而得。

6.2.4　旅游地社区生态储存平衡演化过程

从旅游地社区生态储存状态的发展趋势、驱动机制，以及社区复合系统内外部系统要素间的互动制约关系角度，本节将旅游地社区内各子系统与旅游开发交互耦合演化过程划分为以下四个阶段。

（1）低层次耦合阶段。该阶段社区生态储存水平较低，旅游开发处于低层次，对旅游地社区干扰较小，社区经济发展仍以农业为主，社区居民主要以农业或外出打工为生计手段，旅游活动仅表现为零星的、自发式经营，旅游活动对社区复合生态系统的影响较小，社区内部系统的进化能力可以抵消旅游干扰，社区和谐。旅游地社区复合生态系统内部要素竞争程度低、资源配置及利用效率也较低，则表现为社区生态子系统、经济子系统、社会子系统服务价值处于低水平，社区生态储存与旅游开发耦合发展在低层次水平状态实现平衡。

（2）阻抗式耦合阶段。随着旅游业的不断发展，一方面，旅游活动、游客数量、旅游资源开发等增强，旅游干扰加速了乡村社区生态子系统内部的无序化演变，加强了乡村社区经济子系统的活跃度；另一方面，政府政策推动旅游开发，政府对社区居民居住空间及旅游经营空间进行规划，增加交通、医疗、金融等旅游基础设施的投资，政府政策作用增强了社区系统内部各要素间的相互关系，加剧了社区系统内部人流、物流、资源流、信息流的流动，社区系统内部竞争加剧，人口和旅游相关产业要素快速向社区集聚，给当地生态子系统带来较大压力。旅游地社区系统对旅游干扰的感知程度提升，开始注意到外部压力对社区复合生态系统的外部效应，其社区行为主体对外部压力响应进入警觉期，产生社区内部生态子系统、经济子系统、社会子系统与外部旅游干扰因素的阻抗式耦合，社区生态储存在各子系统对抗式耦合阶段实现平衡。

（3）适应式耦合阶段。随着旅游开发进一步加强，旅游对社区生态子系统的干扰强度日益加大，使社区生态承载力趋于临界值。此时，社区内经济子系统及社会子系统对旅游干扰产生了积极响应与积极反馈，社区内行为主体的自主环保意识增强，社区居民通过转变生计方式参与旅游经营活动，政府加强对社区生态环境的管制，提高生产技术，实施生态资源保护及生态环境管制等优化适应性策略，转换旅游开发方式，发展体验式旅游、生态旅游等。旅游地社区系统自组织能力提升以响应旅游干扰带来的威胁，旅游开发的正外部性逐步大于负外部性，提高了社区环境承载力、社区生态服务价值，使社区生态储存在系统要素间适应性耦合阶段实现平衡。

（4）高层次的共生耦合式阶段。基于社区旅游开发方式的优化升级，旅游开发的正外部效益逐步凸显，社区内各子系统不断响应旅游开发并回归良性自组织发展阶段，社区生态服务价值向更高层次的生态服务价值方向转换，社区生态环境承载力得到恢复，在一定范围内，社区复合生态系统与旅游开发形成了和谐共生式耦合，社区生态储存在高水平状态下实现平衡。

6.3 旅游地社区生态储存平衡演进机制

本章主要针对具有独特的地理区位，生态资源丰富、经济社会发展水平相对较低的乡村社区。旅游地社区生态储存平衡的威胁主要体现为：一是旅游开发的需要，社区自然生态资源高强度开发，社区人口大量聚集、景观建筑物建设扩张等，侵占大量耕地、林地等资源，给社区生态子系统造成威胁；二是社区生态子系统出现水土流失、环境污染、资源枯竭等问题导致服务价值衰退，其负外部效应进一步约束经济子系统、社会子系统向高层次演化。因此，认清旅游干扰下社区生态储存平衡状态对人地关系系统的因果反馈作用，揭示旅游地社区生态储存平衡的内在驱动机制，并构建社区生态储存平衡测度的定量模型，必须建立在深层剖析社区内部各子系统之间的耦合互动关系、影响因素的基础上。

6.3.1　自下而上的市场竞争驱动平衡机制

联合国可持续发展委员会（UNCSD）针对生态环境保护和可持续发展研究范式，从经济、社会、环境和制度四个维度入手，在驱动力—状态—反映模式三个方面构建评价指标体系（杨丽花和佟连军，2013），本章借鉴该模型分析社区生态储存平衡机制。旅游地社区生态储存平衡机制表现为社区复合生态系统在旅游干扰下系统内的子系统间耦合发展的动态稳定状态。本章按照自上而下的分析顺序，根据"原因—结果—对策"三方面交互影响的逻辑关系，构建旅游干扰下社区生态储存平衡演进的"压力—状态—演化（state-pressure-evolution）"的分析框架。在旅游干扰下，社区生态环境压力增大，社区生态子系统景观格局状态发出预警，则旅游开发制约了经济子系统、社会子系统的可持续发展。基于市场竞争规则，社区行为主体对旅游干扰和社区生态储存状态不断地作出新的响应，从而驱动社区生态储存达到新的均衡稳定状态。

当社区生态环境受到的旅游开发压力增大时，社区生态子系统承载力发出预警，社区系统内的行为主体对各子系统产生反馈响应；当社区内的产业结构在旅游干扰下不断演进，引起社区生态服务功能、经济服务功能及社会服务功能发生变化，社区行为主体（政府与农户）的响应行为在经济、社会、生态三方利益间寻求协同耦合机制；伴随着社区经济和社会文明的不断提升，社区复合生态系统为追求更高的服务价值目标，基于市场竞争规则，制定生产生活行为规范实现了对行为主体响应行为的协调与控制。最后，社区复合生态系统在演化过程中实现协同耦合，社区生态储存在高层次实现稳定均衡。

6.3.2　自上而下的政府调控平衡响应机制

旅游地社区生态储存平衡表现为社区复合生态系统在旅游干扰下系统内的

子系统间耦合发展达到动态稳定的状态，政府调控体系及政策效应是系统耦合的关键。因此，本章从政府调控角度出发，按照自上而下的演绎关系，围绕政策体系效度、政策响应强度及政策作用客体的演化顺序，分析其内在驱动机制，构建"目标—政策—响应（objective - policies - response，OPP）"的政府调控平衡响应机制，即政府围绕旅游地社区生态储存平衡的目标，制定并实施旅游业优化发展、生态环境保护及农户生计策略多元化发展等政策，在社区行为主体（企业、农户、政府）及社区产业体系结构对政策的动态响应过程中，政府处于核心地位，政府既是政策的制定者也是政策的实施者、政策效应发挥的保障者，正向的政策效应促进社区生态储存平衡。

6.3.2.1 旅游地社区产业生态化目标

旅游地社区产业生态化目标，是提高社区复合生态系统服务价值的重要措施。产业生态化目标是构建产业经济效益最大化、生态环境损害最小化、资源高效利用及废弃物多层利用的产业生态体系（高大帅等，2009）。本章从意识层面、过程层面及结果层面认识旅游产业生态化目标。意识层面的目标是指，社区行为主体从思想认识上并加强产业生态化发展，注重旅游活动、住宿、旅游交通、旅游经营过程中的碳排放量，注重通过知识技术创新和融合实现旅游开发过程中的节能减排、降能降耗，注重社区生态环境、生态景观及社区自然资源和文化资源的保护与开发。过程层面的目标是指，社区旅游景观、旅游设施、旅游产品开发与建设时，遵循自然生态系统的高效运行；结果层面的目标是指，实现社区内各个子系统与旅游产业系统的耦合发展，社区生态储存在高层次实现平衡，社区经济高水平、社会运作有秩序、文化多元化繁荣、系统整体和谐共处。

6.3.2.2 旅游地社区行为主体响应与优化

社区生态储存高层次平衡状态离不开政府政策的制定与实施，反映了对人类活动行为的约束，而对于社区行为主体对政策的响应与政策的优化调整影响了政策效果。旅游地社区行为主体响应与优化示意，见图 6-7。研究产业生态化目标政策的响应与优化，可以用思想意识—行为响应过程—系统状态表示。

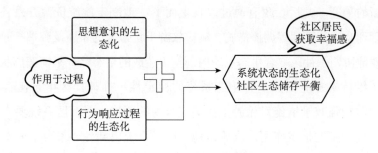

图 6 - 7　旅游地社区行为主体响应与优化示意

资料来源：笔者根据旅游地社区行为主体响应和优化思路绘制而得。

社区行为主体首先，在思想意识的生态化方面对政策进行响应，具有生态审美观、价值观和责任感。政府、企业、农户分别从生态、社会、经济三个方面提升生态化思想意识，以产业景观建设回归大自然为标准，遵循自然、人类、经济的和谐统一，增强生态环境保护责任感和自主意识。其次，在生态化意识的指导下，表现出行为响应过程的生态化，主要表现为社区产业、景观、建设遵循生态化规划、生态化经营管理、生态化建设效果评估和生态化修复与治理。最后，在生态化产业思想意识与主体的生态化响应行为的共同作用下，社区经济子系统、社会子系统、生态子系统协同耦合，从而实现社区生态的高层次平衡。

6.3.3　"市场 + 政府"拮抗式演进平衡机制

旅游地社区生态储存平衡演进，最初表现为社区系统内部各要素在自下而上的市场竞争行为下的一种状态，在旅游干扰下，社区系统内部各要素的自组织能力增强，旅游产业发展带来的高利润吸引社区居民改变生计策略，调整生计资本以提高生态储存水平，社区内的生产经营活动逐步转变为旅游经营，社区居民的生产空间也逐步呈现出与其生活空间重合的特征。然而，随着社区内竞争的加剧，社区的生产空间和生活空间被旅游活动挤压，降低社区居民生存环境的舒适感。同时，生产空间内的激烈竞争关系，造成社区人居社会关系紧张和邻里关系淡化等社会问题，社区生态储存出现耗竭反应。社区复合生态系统间的耦合关系在自下而上的市场竞争驱动下引发的弊端日益显现，冲击了社区生态储存平衡，回归到新的平衡。此后，政府通过"自上而下"地制定旅游资源开发补偿、旅游投资管理及经营管理等调控措施，响应旅游干扰带来的矛盾及弊端。政府政策调控有效地协调了社区复合生态系统内部竞争造成的生态储存平衡偏离状态。

为了维持旅游地社区复合生态系统的稳定性，推动社区生态储存平衡演化，政府需加强政策措施对旅游干扰响应行为的调控，对社区系统要素间的竞争行为产生一定的拮抗作用。当旅游地社区子系统内部各要素自下而上的竞争机制作用增强时，政府自上而下的政策调控可以有效地控制社区生态储存的演变方向。当政府对旅游开发及社区系统的调控作用增强时，系统要素间自组织活力下降，社区系统内部竞争程度降低，社区生态储存平衡演变放缓，此时，需要降低政府对社区系统的调控力度，发挥市场竞争机制的驱动作用，以保持社区内部要素的创新能力及主观能动性，从而实现"市场＋政府"在拮抗作用下的逐渐协同，推动社区生态储存平衡演变。

6.4　旅游地社区生态储存平衡演进的循环过程

纵观旅游地社区生态储存平衡的演化过程，旅游地社区生态储存平衡可以看作一个大的循环动力与响应过程。旅游业是社区经济发展的主要支撑，政府政策、社区工程建设与旅游业开发，是社区生态储存平衡演进的直接驱动力。

从旅游地社区内部系统耦合循环来看，基于区域发展的推动及市场竞争机制引导下的旅游开发是社区生态储存平衡演进的外部干扰力，表现为社区在旅游干扰下生态空间、生产空间和生活空间的供给与需求间的冲突，具体包括社区系统内部行为主体的生计策略及生产方式转变的压力，局部生态破坏与环境资源消耗的压力，社区行为关系淡化、紧张、冲突等方面的压力。

社区经济社会发展的诉求及生态资源保护的政策目标是系统耦合演进的内部驱动力，主要表现为政府制定相关生态化管理的政策措施、规章制度，监督社区生态系统环境，加大旅游经营及基础设施建设投资及利益补偿，引导社区行为主体生计结构调整，以综合生计方式响应旅游干扰压力。

社区行为主体在内外部干扰和驱动下，从土地结构、经济结构、社会面貌、生态结构和治理结构五方面作出生态化响应行为，最终导致社区复合生态系统的土地结构、经济结构、社会面貌、生态结构及治理结构发生相应变化，促使社区生态储存平衡演进，社区生态储存平衡循环过程与动力，见图6-8。

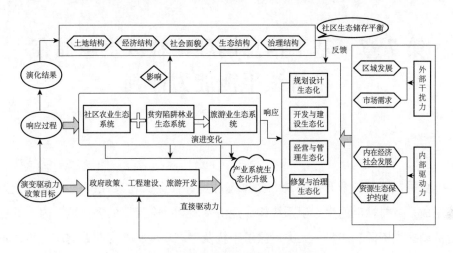

图6-8　社区生态储存平衡循环过程与动力

资料来源：笔者根据社区生态储存平衡循环过程与动力思路绘制而得。

6.5　本章小结

乡村社区内各个子系统要素间相互转移，一种要素的增加必然会减少另一种要素；同时，系统内要素的变化，必然会影响生态服务功能的改变。本章结合社区生态储存的外部形态和内部服务功能价值，社区生态储存平衡的动态易变性及社区生态储存平衡相对性来阐述、分析社区生态储存配合特征。

社区生态储存平衡视为社区内各子系统耦合下的系统动态均衡状态，按照因果关系提出自下而上的市场竞争下社区生态储存的"压力—状态—演化"的驱动机制，并从政府的角色出发，演绎得出自上而下的社区生态储存的"目标—政策—响应"的内在响应机制。

第7章 基于信息熵理论社区生态储存可持续平衡能力评判

乡村社区是一个开放系统，由生态环境、社会文化及经济（产业）子系统组成，乡村社区的生态子系统构成经济发展和社会发展的大环境，为人的旅游活动提供资源和能量。人类对旅游干扰及生态环境状态变迁的响应行为，不断地将系统中的资源流、能量流转变为乡村社区的经济发展福利和社会发展福利。与此同时，伴随着社区旅游业的发展，人类活动排放出一定污染物，对社区生态环境造成负面影响的同时又反作用于社区复合生态系统的投入。因此，社区生态服务结构的动态响应及其生态储存平衡状态的可持续发展能力具有热力学行为表征，揭示旅游干扰下社区生态储存平衡如何演化及其可持续发展能力。可以基于信息论视角，利用信息熵理论对乡村社区复合生态系统内部子系统间的协同演化关系及社区系统生态服务结构的热力学特征进行探析，对于旅游开发及社区生态服务价值可持续提高具有重要的价值。

1865 年，德国物理学家克劳修斯（Clausius）提出熵的概念。熵是热力学中表征物质状态的参量之一，用符号 S 表示，其物理意义是对体系混乱程度的度量。将这一思想引入信息论中，1948 年香农（Shannon）为解决信息的量化问题，首次提出信息熵的概念，用来反映复杂系统中的有序性问题，信息熵越低，系统表现越混乱；反之，信息熵越高，系统表现为一种有序化的可持续演变。当前，信息熵理论已被广泛地应用在水文、生物信息、通信、景观及数据集成等领域；信息熵主要应用在探索土地利用结构的时空演化规律与预测（林珍铭等，2011；王晓娇等，2012）、影响因素及驱动机制（肖思思等，2012；覃琳等，2012），区域土地利用系统的有序程度（谭永忠和吴次芳，2003）、能源消费结构的演变规律（耿海青等，2004）和城市人口密度的演化分析（Zhang Y. et al.，2006；冯健，2002）等领域。目前，信息熵的应用领域已拓展到城市生态系统演化及其可持续发展能力（林珍铭和夏斌，2013），其研究结果表明信息熵既能反映系统的演化情况，又能很好地辨识系统的可持续发展状况和健康水平（张妍等，2005）。

旅游干扰下社区系统内各子系统间非线性的互动过程，表现为社区系统对旅游活动的响应行为（投入）导致的生态系统服务价值（产出）的动态演变过程，即社区生态储存可持续平衡发展能力。本章基于信息熵理论，从支持型系统生态服务能力输入熵、压力型旅游干扰需求输出熵、响应型系统响应行为代谢熵及系统脆弱性代谢熵四个方面，构建旅游干扰下社区生态储存平衡演化指标体系，以社区系统对旅游干扰响应行为为投入要素，以生态系统服务价值为产出结果，构建旅游干扰下社区复合生态系统投入产出循环模型，以此来反映社区生态储存演化及可持续平衡发展能力。

7.1　理论基础

7.1.1　乡村社区复合生态系统投入产出循环机制

旅游地社区是受到人类社会经济活动及旅游业干扰的复合生态系统，系统内部各子系统间的相互作用形成投入产出的循环过程。根据系统间的投入产出关系，发生了物质、能量的多梯次投入和多梯次产出及信息的传递与循环，建立系统间物质能量投入减量化、废弃物再利用、资源再循环的投入产出生态链（王如松和欧阳志云，2012）。社区内各子系统间物质循环、能量循环及信息循环，构成了社区复合生态系统投入产出的动态演变规律，见图 7 - 1。

7.1.1.1　旅游地社区复合生态系统的物质投入产出循环

旅游地社区的物质要素投入与产出循环，表现为大气、水、资源、土地及生物物种间的投入与产出循环流动和交换。在社区生态子系统中，食物链和食物网构成了投入产出的主要途径和主要方式。一方面，社区居民及外部游客参与旅游活动，不仅增大了生态系统物种循环的投入产出规模、提高了生态系统物种循环的投入产出速度，还使物质流投入与物质流产出的循环方向和循环途径发生了变化，即在旅游活动基础上形成了旅游产业链和旅游产业群、旅游消费链和旅游消费群；另一方面，旅游活动又扩大了开放的社区复合生态系统中物质流投入产出的空间交换尺度，社区内经济社会系统不断受到外部物质流投入的影响，使得系统在更广阔的时空范围内形成生态依赖—生计福祉耦合。

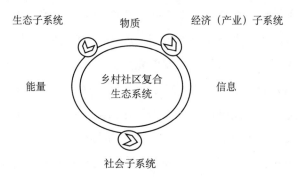

图 7 - 1   社区复合生态系统投入产出的动态演变规律

资料来源：笔者根据旅游地复合生态系统投入产出循环过程绘制而得。

然而，在旅游活动影响下，旅游地社区物质流的投入产出循环是自然资源与人工物质相结合的产物，旅游地社区居民的文化素质、价值观念、物质条件、科技手段等滞后，以及系统外部物质流的干扰，使得社区系统投入产出不能合理利用各种物质资源，同时，又产出大量废弃物侵占了可利用的物质资源，当物质投入产出循环超负荷或中断时，都会导致社区投入与产出失衡及社区生态储存失衡发展。

7.1.1.2   旅游地社区复合生态系统的能量流投入产出循环

旅游地社区复合生态系统存在复杂多样的能量流动。在社区中，行为主体参与旅游活动，能量流动表现为特定形式和特定范围下的投入与产出，旅游活动可以促进物质资源的循环再利用。例如，社区居民通过对农业废弃物的再利用，产出沼气、电能等，促进社区内社会经济能量、能源的循环利用。旅游活动开发在一定程度上可以减少工业开发、采矿等活动产出的热能对社区生态环境的影响，降低系统熵值，提升社区生态储存平衡状态。如果社区中热能不断产出并超过系统生态承载量，则代表着系统熵值增加，意味着社区生态储存平衡处于低效运行中。

7.1.1.3　旅游地社区复合生态系统的信息流投入产出循环

信息是社区复合生态系统中的重要资源，信息流有序、高效的投入与其运行轨迹影响着社区内行为主体的行为方向，并且，信息流作用反馈到客体，从而形成一个信息运动的循环轨迹（谢方和徐志文，2017）。信息流的投入与产出和物质流、能量流的投入与产出相互影响、相互依赖，将社区各个子系统紧密地结合在一起。

旅游地社区内旅游活动开发及旅游资源保护相关信息的投入和有效利用，不仅可以提升社区居民的文化价值观、文化素质，促进社区政策的不断完善，还可以更好地促进社区内旅游活动及其他社会活动运行的效率，还原社区内部各子系统间物质资料的交换、消费的能量耗散，使各子系统间的关系更加紧密，提升社区复合生态系统的服务价值，促使社区生态储存在高层次状态下达到平衡。相反，当社区内信息投入不畅或中断，不能满足社区内行为主体的生产生活对信息的需求时，系统熵值就会增加，社区将会陷入无序状态，降低社区复合生态系统生态储存平衡状态，推动社区生态储存在低层次状态下达到平衡。

旅游地社区基于生态环境系统投入各种生态物质资源、能量资源及信息资源，资源投入在不同的旅游活动及社会结构下转换为各种产出，表现为社区经济发展、社会福利提升、文化资源积累与传承等，当产出满足社区复合生态系统在生态子系统、经济子系统、社会子系统运行的需求时，社区复合系统处于一种稳定发展的状态；反之，当社区生态系统投入产出的生态服务价值不足以满足社区复合生态系统的运行需求时，则社区各子系统间的耦合关系将会出现拮抗式耦合。这种耦合关系将会导致社区复合生态系统趋向失衡状态，最终会导致社区生态储存平衡演化螺旋式下降。

7.1.2　基于熵变理论旅游地社区生态储存平衡演化评价模型

熵的思想最初是由德国物理学家鲁道夫·克劳修斯（Rudolf Clausius，1968）提出的，后来被应用于系统分析，通过信息熵来描述系统的耗散结构特征及系统的有序度、系统的演变特征及演变方向。后来，熵变理论被广泛运用于经济学、地理学、信息动力学、社会科学等领域。信息熵的大小反映了系统有序度，信息熵越小，系统发展越有序；否则，系统表现为一种杂乱无章的状态。

　　基于熵变理论，旅游地社区是由生态子系统、经济子系统、社会子系统耦合而成的开放性复合生态系统，旅游地社区系统要素投入产出的循环过程，反映了系统内外要素间的流动与转换，符合耗散结构特征。通过旅游地社区系统生态服务投入产出能力与系统对服务价值需求的状况来分析旅游地社区要素结构及要素功能的变化，以此实现对旅游地社区复合生态系统熵变的分析。旅游地社区复合生态系统内外干扰要素的投入产出作用及再生产能力对社区景观格局及系统生态服务价值有较大影响（赵文武和房学宁，2014），分析社区不同生态储存状态下社区生态服务投入能力与社区生态服务产出需求之间的动态响应关系，可以有效地进行社区复合生态系统承载力评价。即当特定生态储存下生态服务价值单位投入产出较高，满足社区生态系统服务需求时，其熵流为正，社区生态服务价值可以承载较大的外来干扰负荷及需求。分析社区对内部干扰响应投入与社区系统脆弱性产出的动态互动关系，可以有效地评价社区生态储存动态可持续演变能力（Fang et al.，2015），其熵的大小可以评价社区生态储存可持续演变的方向和能力，旅游地社区生态储存平衡演化评价模型，见图7-2。

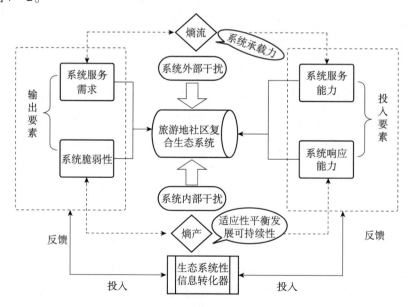

图7-2　旅游地社区生态储存平衡演化评价模型

资料来源：笔者根据相关文献整理绘制而得。

7.1.3 熵变理论下旅游地社区生态储存平衡演化评价指标体系

研究根据系统的熵变理论和可持续发展理论，从要素投入产出视角，构建旅游地社区生态储存平衡演化评价指标体系。从熵流（旅游地社区复合生态系统服务价值供给及需求）和熵产（旅游地社区复合生态系统脆弱性、应对能力）两方面构建准则层；从系统服务能力投入 A、系统服务需求产出 B、系统响应投入 C 和系统脆弱性 D 四个方面构建次准则层。旅游地社区生态储存平衡演化评价指标体系，见表 7-1。在分析具体指标时，主要针对四种类型的熵进行分析：第一，支持型输入熵是指，旅游地社区系统生态服务能力投入指标，以不同类型的社区生态本底系统作为分析社区生态服务能力变化的基础支持能力；第二，压力型输出熵是指，旅游地社区系统生态服务需求产出指标，主要指旅游干扰对社区系统带来的压力对于社区生态服务价值产出的影响；第三，响应型代谢熵是指，旅游地社区系统脆弱性的具体指标，旅游干扰对社区系统带来的负面影响，反映社区在旅游干扰下系统生态服务价值的输出状态；第四，系统型代谢熵是指，社区系统响应能力输入指标，反映社区系统对旅游干扰的正向响应行为投入。

表 7-1　　　　　　旅游地社区生态储存平衡演化评价指标体系

目标层	准则层	次准则层	一级指标	二级指标	信息熵	熵权
旅游地社区生态储存平衡演化评价指标	熵流	系统服务能力投入 A	生态物质资源	旅游经营占地面积/公顷 A1	0.892	0.0827
				能源消耗量/吨标准煤 A2	0.889	0.0825
				水资源消耗量/吨	0.892	0.0812
				自然景观种类/个	0.931	0.0847
			经济物质资源	新增固定资产投资额/万元 A4	0.985	0.0879
				公路里程（km）A5	0.955	0.0865
				社区云服务平台建设数量/个 A6	0.915	0.0894
				金融网点数量/个 A7	0.982	0.0820
			社会物质资源	社区医疗机构数量/个 A8	0.937	0.0816
				旅游业从业人数/人 A9	0.966	0.0864
				旅游职业培训次数/个 A10	0.982	0.0895
				旅游智慧网络平台数量/个 A11	0.856	0.0921

目标层	准则层	次准则层	一级指标	二级指标	信息熵	熵权
旅游地社区生态储存平衡演化评价指标	熵流	系统服务能力投入A	社会物质资源	旅游开发政策法规数量A12	0.901	0.0831
				生态保护政策数量A13	0.934	0.0896
		系统服务需求产出B	生态服务需求	人均居住面积B1	0.911	0.0851
				人均绿地面积B2	0.962	0.0863
			经济服务需求	人均可支配收入B3	0.867	0.0810
				社区居民及游客人均消费额B4	0.934	0.0883
				旅游企业营业收入B5	0.936	0.0887
			社会服务需求	社区居民发展指数B6	0.947	0.0892
				社区居民及游客对旅游开发政策的支持水平B7	0.908	0.0897
	熵产	系统响应投入C	生态响应投入	生态治理政策执行率/%C1	0.967	0.0879
				污染治理投资额/万元C2	0.869	0.0917
				污水处理率/%C3	0.900	0.0892
				环保支出/万元C4	0.937	0.0921
			经济响应投入	社区收入/万元C5	0.948	0.0868
				社区居民人均收入/万元C6	0.933	0.0894
				社会固定资产投入完成额/万元C7	0.915	0.0924
			社会响应投入	教育支出C8	0.914	0.0911
				社会保障就业支出C9	0.920	0.0941
				医疗卫生支出C10	0.903	0.0861
				金融机构存款余额C11	0.934	0.0843
		系统脆弱性D	生态脆弱性	森林覆盖率D1	0.988	0.0863
				噪声水平D2	0.901	0.0872
				空气污染指数D3	0.921	0.0875
				人口密度D4	0.913	0.0899
				排水量D5	0.928	0.0896
				污染排放量D6	0.964	0.0912
			经济脆弱性	旅游经济总收入D7	0.975	0.0934
				旅游人数D8	0.948	0.0961

续表

目标层	准则层	次准则层	一级指标	二级指标	信息熵	熵权
旅游地社区生态储存平衡演化评价指标	熵产	系统脆弱性 D	经济脆弱性	旅游业增长弹性系数 D9	0.951	0.0967
				生计多样性指数 D10	0.969	0.0941
				产业结构多样性指数 D11	0.921	0.0938
			社会脆弱性	人口自然增长率 D12	0.923	0.0863
				外来人口比例 D13	0.956	0.0889
				旅游者社区居民比 D14	0.934	0.0897
				犯罪率 D15	0.896	0.0863
				失业率 D16	0.868	0.0872
				义务教育普及率 D17	0.964	0.0882

资料来源：笔者根据相关调研数据应用 SPSS19.0 软件、DPSV18.10 软件计算整理而得。

7.2　数据来源及研究方法

7.2.1　数据来源

本章根据数据的可获得性及时效性，收集 2013～2019 年河南省栾川县农户社会经济调研的相关数据，《河南统计年鉴（2013—2019）》《栾川县国民经济与社会发展统计公报（2013—2019）》《栾川城乡总体规划（2016—2035）》《栾川县"十三五"旅游业发展规划》《全景栾川旅游目的地规划》《河南省栾川县林地保护利用规划》及河南省栾川县统计局相关统计数据等。

7.2.2　基于信息熵评价方法

将信息熵引入旅游地社区生态储存平衡演化评价中进行熵变分析和可持续评价，即通过计算熵流、熵产生和总熵变来分析社区生态系统的承载力及社区生态储存的活力和有序度，通过计算综合得分评价社区生态储存演化的可持续发展能力（贾慧等，2018），社区生态储存的熵流、熵产生和总熵变的符号和计算公式，见表 7-2。具体评价思路为：首先，对评价指标进行标准化处理，利用指标信息熵公式［式（5-1）、式（5-2）、式（5-3）、式（5-4）］计算熵值权重;其次,采用年度时间序列计算四类熵值;最后,通过指标的信息熵值及熵值权重,计算社区生态储存适应性平衡发展的综合得分。

表 7 - 2 　　　社区生态储存的熵流、熵产生和总熵变的符号和计算公式

项目	项目熵说明	变量和公式	表征
系统服务能力投入	支持型输入熵:反映乡村本底系统的支持能力	S_{i1}	系统无序度
系统服务需求产出	压力型输出熵:反映旅游干扰对系统带来的压力	S_{i2}	系统无序度
系统脆弱性	系统脆弱性代谢熵:反映旅游干扰带来的系统负面影响	S_{i3}	系统无序度
系统服务响应投入	响应型代谢熵:反映系统行为主体对旅游干扰的正向响应措施及适应性治理	S_{i4}	系统无序度
熵流 ΔS_f	社区复合生态系统在受到内外干扰时物质与能力转换表现出的熵变,揭示社区生态系统对旅游开发的承载力,反映社区经济子系统、社会子系统及生态子系统间的协调性	$S_{i2} - S_{i1}$	系统承载力
熵产生 ΔS_g	社区复合生态系统在内外干扰下由系统脆弱性所产生的熵变,揭示社区系统响应行为与干扰要素间的互动作用,反映出社区系统在代谢发展中的可持续性	$S_{i4} - S_{i3}$	系统活力
总熵值 ΔS	反映社区复合生态系统总体发展方向(Weber et al.,1988),揭示社区生态储存总体演变方向,即社区系统的稳定平衡性	$(S_{i2} - S_{i1}) + (S_{i4} - S_{i3})$	系统有序度及健康水平

资料来源:笔者根据相关文献整理而得。

旅游地社区生态储存平衡演化综合评价:

$$G = \sum e_j w_j \qquad (7-1)$$

在式(7-1)中,G 表示社区生态储存适应性平衡发展的综合得分,G 值越大,社区生态储存平衡演化的可持续发展能力越强。

7.2.3　数据处理

本章主要从两方面进行分析,一是对社区生态储存演化的熵变分析;二是对社区生态储存适应性平衡可持续发展能力的评价。首先,对评价指标进行标

准化处理，计算指标的信息熵及熵权。在旅游地社区生态储存平衡可持续发展能力评价指标中，支持型输入熵指标及响应型代谢型熵指标为负熵指标，为正向指标，这些指标值增大，表示社区生态储存有序正向演化；压力型输出指标及系统脆弱性代谢指标属正熵指标，为负向指标，这些指标增大将会使社区生态储存无序发展。其次，采用年度时间序列计算 2013～2018 年河南省栾川县社区生态储存熵值与熵变，见表 7-3。最后，测算社区生态储存平衡可持续发展能力，计算 2013～2018 年河南省栾川县旅游干扰下社区生态储存平衡可持续发展能力得分。

表 7-3　　　　　2013～2018 年河南省栾川县社区生态储存熵值与熵变

指标类型	2013 年	2014 年	2015 年	2016 年	2017 年	2018 年
系统服务能力输入熵	0.861	0.866	0.982	1.052	1.096	1.101
系统服务需求压力输出熵	0.991	0.997	1.005	1.036	1.082	1.099
系统脆弱性代谢熵	1.287	1.285	1.279	1.263	1.289	1.298
系统服务响应代谢熵	1.291	1.298	1.315	1.335	1.354	1.349
熵流	0.13	0.131	0.023	-0.016	-0.014	-0.002
熵产生	0.004	0.013	0.036	0.072	0.065	0.051
总熵变	0.134	0.144	0.059	0.056	0.051	0.049

资料来源：笔者根据调研数据应用 SPSS19.0 软件、DPSV18.10 软件计算整理而得。

7.3　实证结果分析

7.3.1　旅游地社区生态储存演化的熵变时序分析

旅游干扰下乡村社区生态储存在熵流及熵产生共同作用下表现为总熵值下降趋势，表示社区系统生态服务功能不断提高，社区生态储存结构有序性不断优化，总体趋势向可持续上升状态演变。

7.3.1.1　乡村社区生态储存熵流演变

2013～2018 年，旅游干扰下考察地社区生态储存熵流整体呈现下降趋势，下降幅度不断增大，表示社区复合生态系统间结构日益平衡。2013～2015 年，熵流为正值且急速下降，表示旅游干扰下社区生态系统承载力及协调性缓慢增强，2013～2018 年社区生态储存熵变趋势，见图 7－3。2013～2015 年，河南省栾川县实行旅游立县政策，旅游业处于快速发展时期，旅游经营占地面积、能源及水资源消耗量伴随着旅游业的开发逐渐增大，A 级旅游景点开发的数量增加到 63 个；但乡村社区为旅游开发投入的固定资产、公共服务设施增加幅度仅为 2.3%，增加幅度不大；同时，在旅游业发展初级阶段，社区居民从事旅游业的人数有限，对旅游教育投入等的质量不高。旅游业的发展对社区生态系统产生了一系列压力和干扰，旅游业从业人员、旅游企业收入增加，旅游开发程度加深，但旅游开发整体较弱，这些旅游干扰压力因素对系统生态储存演变产生的熵量值的熵流不高，表现为此段时间熵流日渐下降，但整体系统的协调能力变化不大。

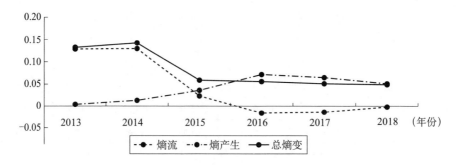

图 7－3　2013～2018 年社区生态储存熵变趋势

资料来源：笔者根据调研数据应用 SPSS19.0 软件、DPSV18.10 软件计算整理绘制而得。

2016～2018 年，熵流值上升且为负值，表示社区生态系统在支持型输入熵及压力型输出熵共同作用下，乡村社区生态储存结构有序性显著增加。原因在于，2016 年河南省栾川县全面实施全域旅游，以旅游业为手段促进社区一二三产业的跨界融合，促进社区产业供给侧结构性改革，全面升级产业结构。河南省栾川县经济发展逐步由资源依赖型向旅游引领型转变。在旅游业快速全面发展的背景下，社区对于旅游公共服务的供给数量和旅游人才的培训数量等都显著增加；在《栾川全域旅游开发规划（2016～2018 年)》指引下，打造社区全景、全时、全业及全民的全域旅游开发，继续巩固栾川模式。社区系统在旅游活动全要素扰动下，让社区居民获取更多收益，社区收入年均增长 6.43 亿元，社区旅游业总产值年均增长率达到 6%，促使乡村社区系统支持作用增强。同时，在"生态文明建设"政策指引下，河南省栾川县响应国家号召，以满足社区居民幸福为指向，大力发展旅游业，加强生态环境建设。旅游活动扰动对社区居民造成的生态需求压力、经济需求压力及社会需求压力不断降低。

7.3.1.2　乡村社区生态储存熵产生的演变

2013～2018 年，研究案例地熵产生总体上呈现两个阶段的变化：一是 2013～2016 年，熵产生呈上升趋势，表明系统响应能力相对于旅游干扰带来的脆弱性变化较低，系统整体活力不足；二是 2016～2018 年，熵产生呈下降趋势，表明社区系统对旅游干扰的响应能力增强，社区生态系统服务能力不断提升。

2013～2016 年，河南省栾川县伴随着"旅游立县"战略、栾川模式的深入实施，旅游业的发展促进了社区经济收入及社区居民可支配收益的明显提高，然而，旅游产业活动对土地的大量占用，造成植被、景观及物种多样性的破坏，使得社区生态系统脆弱性加大；大量人口涌入造成社区人口密度增加、交通拥挤、交通混乱、大量垃圾、噪声等污染以及社会稳定性降低等一系列问题，致使社区社会子系统、经济子系统脆弱性加大；虽然旅游业的发展促进了社区经济增长，人们片面追求经济发展而忽视旅游活动对社区生态子系统、社会子系统脆弱性的响应行为，导致社区系统对旅游干扰的响应行为代谢熵提升幅度不高，这段时期的熵产生因旅游干扰带来的脆弱性代谢熵提升幅度较高而不断增加，说明系统的整体活力不足，未能应对旅游干扰产生的负面效应。2016 年河南省栾川县提出全域旅游，以提高社区居民生活幸福度、打造美丽宜居生活环境为目标，促进全县产业结构升级，推动旅游产业与第一产业、第二产业相融合，大力发展全域旅游、智慧旅游、乡村环境治理等活动。发展全域旅游促进了生态环境、人文环境和营商环境的优化，提升了县域发展的"硬环境"，推进了传统产业的改造和新兴产业的发展。进一步反映出旅游地社区行为主体在社会方面、经济方面及生态方面三个维度的响应行为可以有效地对乡村社区本底脆弱性进行遏制；可以控制并改善旅游活动带来的生态环境污染、生态系统服务价值退化等问题。同时，旅游活动与乡村社区生产空间、生活空间相融合，促进当地脱贫攻坚的顺利推进。

7.3.2　旅游地社区生态储存可持续平衡能力分析

2013～2018年，河南省栾川县社区生态储存可持续平衡能力分值呈阶段式上升趋势，表明社区生态储存可持续平衡能力不断提高，2013～2018年河南省栾川县社区生态储存可持续平衡能力，见图7-4。且在2013～2015年，社区生态储存可持续平衡能力增长较为缓慢，2015～2018年，主要受系统性服务输入熵指标分值增速变化的影响，社区生态储存可持续平衡能力上升幅度增大。栾川县在旅游立县战略、全域旅游战略的发展下，社区经济结构更加多元化，旅游业与第一产业、第二产业融合发展，促进产业结构转型升级，反映了社区经济系统的服务能力、脆弱性的各项指标值都呈现上升趋势，旅游活动的扰动对乡村社区经济系统支持作用日益增大；与此同时，旅游干扰引致的社区经济压力输出熵、生态压力输出熵及社会压力输出熵表现为下降趋势，旅游干扰下社区对人、财、物的消耗不断提高，虽然旅游业的发展使得河南省栾川县第一产业、第二产业的资源开采对人力消耗比重、能源消耗比重下降，但旅游干扰对社区系统的压力指标基本上处于增长趋势，旅游开发对社区自然生态环境、社会生态环境的压力逐步增强。全域旅游战略及智慧旅游的发展，使社区系统脆弱性代谢熵及社区系统服务响应性代谢熵都呈现上升趋势，旅游活动给社区生态系统带来的脆弱性压力在行为主体积极响应下得到缓解，社区居民的生计策略多样化、产业结构多元化、环境和传统文化旅游资源都得到较好地保护与传承；社区系统生态储存适应性平衡能力不断增强。

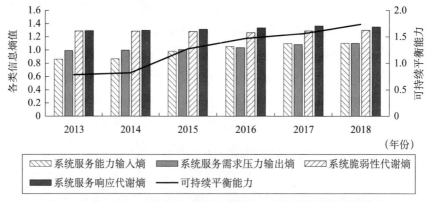

图7-4　2013～2018年河南省栾川县社区生态储存可持续平衡能力

资料来源：笔者根据调研数据应用SPSS19.0软件、DPSV18.10软件计算绘制而得。

7.3.3　社区生态储存熵变与可持续平衡能力协同演化相关分析

社区生态储存熵变与可持续平衡能力协同演化的相关分析，见表7-4。
（1）乡村社区生态储存可持续平衡能力与系统服务能力输入熵、系统服务响应代谢熵呈正相关关系，表示旅游干扰下乡村社区复合生态系统能够为旅游发展及社区生产空间系统及生活空间系统的可持续平衡运行提供充足的资金、产品、公共服务等信息、能量及物质输入下的服务支持响应保障，提高社区生态系统的环境适应性能力及经济社会系统的适应性可持续发展能力，可以有效地增强社区生态储存可持续平衡演化能力。（2）乡村社区生态储存可持续平衡能力与系统服务需求压力输出熵、系统脆弱性代谢熵呈负相关关系，表示旅游干扰下人流、物流等大量涌入带来了社区人地关系的变更、乡村大量生产要素遭到过度开发与粗放型使用，破坏了社区系统原有的生态平衡，加深了社区生态系统的脆弱性，这将会弱化社区生态储存可持续平衡演化能力。（3）乡村社区生态储存可持续平衡能力与社区生态储存平衡演化的熵流、熵产生和总熵变呈显著负相关，表示社区复合生态系统内部结构与功能的协同性与有效性不断加强，即社区生态储存向有序、平衡、上升方向演进，社区生态储存可持续平衡演化能力不断提升。

表7-4　　社区生态储存熵变与可持续平衡能力协同演化的相关分析

相关性 P值	系统服务能力输入熵	系统服务需求压力输出熵	系统脆弱性代谢熵	系统服务响应代谢熵	熵流	熵产生	总熵变	可持续平衡能力
系统服务能力输入熵	1.000	0.138	-0.882**	0.276	-0.938**	-0.712**	-0.824**	0.897**
系统服务需求压力输出熵	0.138	1.000	-0.164	-0.408	-0.287	0.089	0.143	-0.047
系统脆弱性代谢熵	-0.882**	-0.164	1.000	-0.684*	0.874**	0.983**	0.961**	-0.984**
系统服务响应代谢熵	0.276	-0.408	-0.684*	1.000	-0.346	-0.841**	0.732**	0.678*
熵流	-0.938**	-0.287	0.874**	-0.346	1.000	0.781**	0.871**	-0.882**
熵产生	-0.712**	0.089	0.983**	-0.841**	0.781**	1.000	0.981**	-0.927**

续表

相关性 P 值	系统服务能力输入熵	系统服务需求压力输出熵	系统脆弱性代谢熵	系统服务响应代谢熵	熵流	熵产生	总熵变	可持续平衡能力
总熵变	-0.824**	0.143	0.961**	0.732*	0.871**	0.981**	1.000	-0.986**
可持续平衡能力	0.897**	-0.047	-0.984	0.678	-0.882	-0.927	-0.986**	1.000

注：采用 person 相关系数进行分析，***、**、*分别表示在 1%、5% 和 10% 的水平上显著。
资料来源：笔者根据调研数据，应用 SPSS19.0 软件、DPSV18.10 软件计算整理而得。

7.3.4 社区生态储存动态适应性平衡优化路径

7.3.4.1 基于系统服务能力输入熵的社区生态储存适应性平衡

社区智慧/云平台投入数量、生态保护政策投入数量、教育培训投入数量及固定资产投入数量、公共服务投入数量的熵权较高，在调研期间，这些指标值增长率较高，对河南省栾川县社区生态系统服务承载力的贡献较大。这表明，要保证社区生态服务功能及结构稳定、可持续发展，实现社区生态储存适应性平衡演化，需要强化公共服务方面的投入，注重提高互联网技术，实现政府对旅游活动的响应能力。而水资源消耗量、能源消耗量、金融及医疗服务网点数量的熵权值较小，表示在调研期间这些指标值增长率不高，这是降低系统脆弱性、提高系统承载力的重点。因此，旅游干扰下，需要通过智慧化监测，有效地控制能源消耗水平，通过智慧化监测，实施控制能源消耗，通过旅游业与第一产业、第二产业、第三产业的融合协同发展，实现社区产业结构升级，改变传统靠资源、靠投入的经济发展模式，推动社区集约化旅游融合发展。

7.3.4.2 基于系统服务需求输出熵的社区生态储存适应性平衡

社区居民对旅游开发的政策支持、社区居民发展指数、企业经营收益及社区居民消费结构的熵权值比较高，表明在调研期间这些指标值增长率较高，是缓解旅游干扰对系统服务需求压力的关键解释性指标。社区居民、企业在旅游干扰下的综合发展能力越强，对旅游开发的支持程度越高，社区生态储存适应性平衡演化的趋势越强。河南省栾川县在保障土地红线的基础上，坚持从实际出发、因地制宜，做到宜农则农、宜林则林、宜牧则牧、宜开发生态旅游则开发生态旅游，真正发挥好比较优势，使社区旅游开发扎实地建立在有利条件的基础之上，生态保护和生态旅游开发相得益彰。在发展旅游业的过程中，社区居民对文化生活和精神需求的满足，切实将旅游业打造成提升社区居民幸福生活的幸福产业。

7.3.4.3　基于系统脆弱性代谢熵的社区生态储存适应性平衡

旅游业经济增长弹性系统、生计结构及产业结构多样性的熵权较大，反映出在旅游干扰下旅游业对社区生态系统的恢复力及对社区居民生计策略的影响效应对于系统脆弱性代谢能力大小的解释力度较强，防止"荷兰病效应"，即旅游开发的产业锁定问题。在全域旅游开发战略下，旅游业与其他产业融合共生。社区旅游开发定位的双重目标，强调旅游目的地建设与旅游集散地建设并重，降低社区生态系统在旅游干扰下的脆弱性和敏感性。基于社区旅游反哺，培育社区产业的多元化支柱，避免仅以旅游业繁荣为标准，要打造多样型、复合型社区经济发展产业，以提高社区应对旅游干扰风险的响应能力。

7.3.4.4　基于系统服务响应代谢熵的社区生态储存适应性平衡

政府的就业保障支持、政府的环境保护力度及教育投入和固定资产投入，是社区系统服务响应旅游干扰的关键性要素，2013～2018 年，这些指标值均有较大幅度的提高，对河南省栾川县社区生态储存平衡演化的响应代谢功能提升贡献显著。而社区服务响应及金融服务响应在调研期内增幅不大，是未来提升社区系统旅游干扰响应的关键。河南省栾川县以"政策先行、科学规划、产业为基、就业为本、群众自愿"为原则，提出"大区小镇"的概念，[①] 按照大景区＋旅游风情小镇＋旅游新村的形式，延伸吸引力较大和规模较大的景区主题文化，发展旅游风情小镇和旅游新村，建成一批以旅游业为主导的新型农村社区，很好地解决了就业问题、产业问题，真正地实现了农民就地城镇化。目前，河南省栾川县通过环保倒逼，大大提高了能源利用率，实现了环境与效益双赢。如今，河南省栾川县的矿山企业坚守环保底线，向科技含量高、资源消耗低、环境污染少的绿色经济转型，取得了显著成效。除了工业治理外，河

① 栾川政府网. 关于栾川县 2013 年国民经济和社会发展计划执行情况与 2014 年计划（草案）的报告 [EB/OL]. (2016 - 04 - 20) [2016 - 04 - 20]. https://zfw. luanchuan. gov. cn/zmhdnews. php? newsid = 259.

南省栾川县在水污染治理、大气治理、农村生活环境改善等方面也做了大量工作。同时，为形成全民推进生态文明的良好社会风尚，河南省栾川县大力开展生态文明教育，全面推行绿色生活方式。低碳出行、绿色社区、生态城市已成为社会发展的主基调。

7.4 本章小结

社区生态储存平衡演化，表现为社区系统内部服务功能与旅游活动间信息、能量及物质互动的结果。因此，构建社区生态储存平衡演化信息熵指标体系，探析旅游干扰下社区生态储存熵变与可持续平衡演化能力间协同互动过程中的动态相关关系，设计其优化路径。实证得出旅游干扰下社区生态储存有序度、平衡性及活力可以不断提高；旅游开发需克服生态系统运行中资源与环境等方面的熵增因素，以保障旅游社区生态系统的协同可持续平衡演化。

强化全域规划下的融合发展理念，旅游业渗透性高、融合性强。要坚持"跳出旅游、发展旅游"，加强旅游业规划与经济社会发展规划的统一，做到与脱贫攻坚、产业发展、基础建设、城乡发展、环境保护等规划相衔接，实现"多规合一"。要把河南省栾川县旅游放到河南省乃至全国旅游开发大局中思考和研究，加强与周边区域的融合联动，实现优势互补、资源共享、发展互助。

坚持强化开发保护理念，是维持社区生态储存平衡的关键，也是保持生态优势的重要举措。必须牢固树立"绿水青山就是金山银山"的理念，坚持生态效益与经济效益并重，兼顾短期利益和长期利益，在充分考虑环境资源承载力的基础上，注重结合当地的自然条件、民风民俗、建筑特色、生产生活习惯等科学地开发旅游资源，科学合理地规划旅游设施和产业布局，推动旅游业与社区生态系统的可持续发展。

第8章　社区生态储存平衡演进博弈及仿真分析

本章以生态脆弱的偏远乡村为研究对象，通过旅游干扰下社区生态储存平衡演化博弈，进一步探讨社区生态储存平衡机制，提出多元协同调控模式，有效治理各利益相关者在参与旅游开发中互相影响的响应行为，有利于社区生态储存平衡演进。

8.1　旅游地社区的利益相关者

关于旅游地和景区的利益相关者研究指出，旅游地社区利益相关者可以分为两大类：一是直接利益相关者，对社区旅游资源的开发和保护有重要的影响，主要包括地方政府、旅游企业、社区农户、游客；二是间接利益相关者，对社区旅游业的开发和发展影响较小，主要包括非政府组织、媒体等。利益相关者的地位及其对旅游开发的影响，会随着旅游地发展不同阶段的演变而发生角色和地位的变化。本章仅考虑直接利益相关者（地方政府、旅游企业、社区农户、游客），并构建博弈模型进行分析。

8.1.1　旅游地社区利益相关者角色及利益诉求

8.1.1.1　地方政府利益诉求

中国旅游的开发与发展大多是政府促成或主导的，政府在旅游发展中起着重要作用。本章主要针对一些地方政府、乡村社区旅游开发管理委员会及景区管理部门，其作为旅游地社区的主要利益主体，代表公共利益和个人利益，因此，当监督机制和监管力度不强时，一些地方政府的行为策略和利益要求具有不确定性的特征。一方面，地方政府代表公共利益的主要诉求者，主要从事制定开发旅游资源的相关政策法规：监督旅游开发政策法规的实施、引导旅游基础设施的投资、保护社区生态资源及生态环境、塑造社区旅游形象、打造旅游品牌、协调区域各方利益相关者的利益、提供与旅游经营相关的就业等行为，地方政府的这些行为对社区生态储存平衡演化具有正向影响；另一方面，一些地方政府在进行旅游开发建设时，存在片面追求经济收益，忽视甚至牺牲社区内其他利益相关者需求的现象，在没有充分考虑社区旅游开发实际需求的情况下，旅游开发导致社区生态环境被破坏、资源被浪费、收益差距不断增大、社区的社会氛围紧张等问题。另外，监督机制不健全，有些地方政府官员与开发商勾结剥夺社区其他居民的收益，这些不良现象都会降低社区经济子系统、社会子系统、生态子系统的服务价值。

8.1.1.2 旅游企业利益诉求

旅游企业是旅游资源开发资金和技术的直接投资者、管理者及经营者，以追求自身利益最大化为目标。旅游企业的行为，对社区生态储存状态具有双向影响。一方面，旅游企业对乡村社区旅游资源的开发投入资金、技术、人力等，对景区进行开发与管理，从事旅游吃、住、行、游、娱、购的经营活动等正向响应行为，不仅可以提升社区经济、提供大量就业，并且可以加强社区生态环境保护及社区社会关系和谐发展；另一方面，旅游企业以追求利润最大化为目标，还可能产生负向响应行为，无视社区资源和社区环境，其行为对社区生态系统造成了不可逆的破坏，并且，旅游企业为了经济利益采取的短视行为等，都有可能降低社区生态储存平衡状态。

8.1.1.3 社区居民利益诉求

社区居民主要指，共同生活在相同地理区位下，一个在血缘关系、宗教关系、文化价值观、政治属性等方面具有共同社会属性的群体。本章主要针对乡村社区，社区居民主要为从事农业经营的农户，该群体生活的地理空间、拥有的自然资源、文化模式、生产生活方式、公共设施及群体交往关系等要素都可能成为旅游开发的资源要素，该群体既是旅游开发资源的提供者和使用者，又是直接承受旅游开发影响的最关键群体。因此，在政府征用土地开发旅游时，确保能够提供给农户合理的补偿；在旅游开发过程中，政府制定相关的政策措施保护农户的切身利益，并在教育、技术、资金等方面为农户参与旅游提供扶持与帮助，以确保农户从旅游活动中获得适当的收益。旅游企业给予农户公平合理的利益分配，能够推动农户以较高的热情和积极性参与旅游开发与经营，确保农户在旅游活动中提高自身的生计资本和生计策略，以提升乡村社区整体福祉水平，推动社区生态储存达到高层次平衡状态。

社区农户的利益诉求主要表现为：一是生计策略多元化，通过参与旅游业增加创收渠道，提高生计资本；二是获得公平待遇，能够在旅游开发中公平参与旅游管理和旅游决策；三是保护旅游资源，通过旅游开发，保护和传承社区的自然生态资源、文化资源，使得生计资本可持续发展。

8.1.1.4 游客利益诉求

游客是旅游活动的直接享受者，旅游开发应该围绕游客的需求展开。游客在旅游活动中追求高质量的体验，获得审美、文化、娱乐等方面的享受，地方政府、旅游企业及社区农户的行为均会影响游客对旅游活动的感知。

游客的利益诉求主要为：一是享受优美的自然生态环境、欣赏独特的乡村景观；二是享受舒适、整洁、卫生、有序、安全的旅游消费环境，享受和谐淳朴的乡村社区氛围；三是获得便利的交通、住宿、购物、医疗、金融等设施；四是体验丰富的旅游产品；五是旅游消费价格合理等。当游客的利益获得满足时，他们对旅游活动具有较高的感知评价，并且能够自发地对旅游地进行宣传，并自主参与保护旅游资源和旅游环境。同时，游客利益的满足是旅游地社区发展的方向，满足游客的利益需要社区在旅游开发时注重生态资源的保护、历史遗产的保护和传承，需要保护乡村人文风俗的原真性，需要创造一个良好的社区氛围等，这些体现了社区生态子系统、经济子系统、社会子系统的协同耦合，有利于社区生态储存达到高层次平衡状态。

8.1.2 旅游地社区利益相关者利益冲突分析

旅游地社区内部不同利益群体均有自己的利益诉求和行为表现，如果利益相关者的利益诉求不能同时得到满足，期望与现实的落差会导致各方之间发生冲突或形成利益制约关系，利益相关者的响应行为呈现负外部性效应，引起社区内各子系统间出现低层次耦合或阻抗式耦合，社区生态储存在较低水平达到平衡。

8.1.2.1 地方政府与社区农户间的冲突

（1）土地利益冲突。土地是乡村社区农户主要的生存资本，也是旅游业开发的重要资源要素，在乡村发展旅游业过程中，势必会改变社区原有人地关系，各方利益相关者需要调整生计策略适应资源变化，完成利益重组。土地资源是政府用以吸引投资、支持旅游业发展以及提供服务设施的重要基础，政府需要按照国家的土地政策，通过租赁、转包等方式完成土地流转，并给予失地农户恰当的补偿。若农户获得的补偿不能达到他们的期望，则会阻止当地地方政府对土地的征用。旅游开发中土地在流转过程中处理不当，会直接影响农户的生计资本，降低生态服务价值。

（2）经济利益冲突。旅游开发促进当地经济发展，农户也产生了较高的经济收益期望，然而，一些地方旅游开发带来的红利并未在社区全体农户间合理分配。一些地方旅游的发展并不会改善乡村社区的经济条件和生活环境，当旅游开发的收益不能满足农户期望时，就会影响农户对旅游开发的响应行为，对旅游开发产生抵触情绪，与游客间发生争执、不诚实经营等问题，甚至阻碍乡村旅游的发展（Andereck et al.，2012），从而降低了社区生态储存平衡状态。

（3）主体利益冲突。旅游地社区农户是旅游开发的资源提供者和旅游业的直接经营者，应该属于旅游开发主体，但是，在旅游开发实践中，如果农户在参与旅游开发规划、发展策略制定时，其参与权、决策权被边缘化，农户的利益不能得到保障，主体地位形同虚设，则农户会产生不满情绪，抵触旅游业的发展。

8.1.2.2 地方政府与旅游企业间冲突

（1）目标利益冲突。旅游企业作为独立的个体，其在旅游经营过程中追求自身利益最大化，在进行旅游开发决策时从自身利益角度出发，会重视短期收益最大化而牺牲社区长远的服务价值。地方政府是全体农户的集体代表，地方政府应以追求社区公共利益最大化为出发点，在制定旅游决策时要考虑农户的就业、收益公平分配、社区生态环境可持续发展、社区社会环境融洽、文化资源保护和开发等，目的是促进社区的经济、社会、生态全面可持续发展。地方政府的目的与旅游企业的目的会产生冲突，地方政府会采取政策措施对旅游企业的行为进行干涉，但干涉过度不仅会浪费资源，还会影响旅游企业的发展积极性等。

（2）管理利益冲突。旅游企业在安排旅游经营活动时以利益最大化为目标，在经营过程中不会考虑社区生态系统的承载力问题；旅游土地、旅游资源具有公共资产的属性，旅游企业不会主动进行资源保护，同时，会产生"搭便车"现象。而地方政府在旅游经营过程中应该以社区长远发展为目标，先要考虑旅游经营对生态系统承载力带来的影响，比如，当游客过多时，地方政府会出面干预，主要是对人流量进行一定限制。地方政府有义务创造良好的社区社会氛围、经济发展环境，提高社区旅游影响力、口碑、知名度等，对于一些旅游企业的不良行为严加监管。

（3）地方政府与游客间利益冲突。地方政府代表社区公共利益，肩负社区生态环境保护，社区生态系统、经济系统和社会系统可持续发展的职责。而大量游客涌入旅游地社区，势必产生大量生活污染、废气、废水、垃圾、噪声等，对社区生态环境造成一定的负面影响。同时，游客的大量涌入，会增加对社区公共设施和资源的需求，加剧竞争，可能会产生一些不良的社会行为，如失信、假冒产品、恶意竞争等问题，对社区社会系统、经济系统带来不良效应。

8.1.2.3 旅游企业与农户间利益冲突

（1）目标利益冲突。旅游企业参与旅游的主要目的是获取经济利益；而农户是乡村社区主体，其参与旅游经营的目标不仅是增加就业、获取更多经济收益，还希望其生活的社区生态环境得到保护，文化民俗等可以继续传承，享受更多公共基础设施等。二者主要目标的差异，对旅游开发与发展的响应行为也会不一致，因此，会产生一定冲突。

（2）空间利益冲突。旅游企业从事旅游活动需要占用农户土地，旅游企业开展相关旅游活动、建设旅游设施，都会侵占农户的生产空间和生活空间。若旅游企业占用农户土地经营权的赔偿机制不健全、补偿标准不合理，就会导致旅游企业与农户的冲突。一方面，农户会对旅游开发以及旅游企业的进驻产生抵触情绪；另一方面，旅游企业会受限于土地供给量的减少而不能进一步投资，最终导致社区旅游业的衰退及社区生态储存向低层次状态演化。

（3）权利利益冲突。旅游企业是旅游开发的投资者和主要经营者，在参与旅游开发中具有绝对话语权并获得旅游开发带来的绝大部分收益。而农户是社区中的弱势群体，参与旅游开发的话语权和决策权形同虚设，旅游收益的分配机制不公平，不利于农户利益的保护，会促使农户与旅游企业对立。

8.1.2.4　旅游经营者与游客间利益

（1）目标利益冲突。游客以获取高质量的旅游体验为目的，希望能够享受良好的生态环境，淳朴的乡村社会生活体验、多样化的旅游产品、舒适和谐的社会氛围、低成本的休闲体验，这些目标的获取需要社区经济子系统、社会子系统、生态子系统协同耦合发展，从而使得社区服务价值提高。而旅游企业的目标主要是经济利益最大化，不愿为节约生态生活资源和环境保护付出成本，甚至会以破坏生态环境为代价获取更多收益，降低了生态服务价值，与游客的目标相冲突。

（2）经济利益冲突。游客期望获得物美价廉的旅游体验，景区的门票、旅游产品的价格是其感知旅游服务的一个重要标准，而旅游企业主要从门票、旅游住宿、交通、娱乐、餐饮等活动中获取收益，有的旅游企业为了获得更高收益，恶意抬高旅游产品价格，出现大量"宰客"行为，有的旅游企业以降低旅游产品质量为代价降低价格，旅游地出现了许多弄虚作假、欺骗游客的现象。

8.2　旅游地社区生态储存的动态演化博弈模型构建

旅游地社区直接利益相关者主要包括三个维度：一是行政管理方，即地方政府；二是旅游服务供给方，即旅游企业和参与旅游经营的农户，统称为旅游经营者，社区中没有参与旅游的农户属于社区中的弱势群体，影响力不大，因此，在构建博弈模型时没有考虑；三是旅游服务需求方，即游客。地方政府对社区整体经济发展、社会发展、生态发展实施监管，主要通过政策干预、经济市场调控等措施对旅游经营者及游客加以管理和监控。旅游经营者维护地方政府关于社区生态储存平衡发展的政策要求及市场竞争规律，投资旅游基础设施建设、旅游服务及旅游产品，推动社区经济社会发展及生态资源环境保护与传承。游客是旅游地社区的外部扰动力量，游客应该支持地方政府的社区管理政策及市场竞争规律，注重自身旅游素养、提高环保意识、尊重民风民俗、保护生态资源。

综上所述，实现旅游地社区复合生态系统协同耦合、社区生态服务价值不断提升、社区生态储存高层次平衡演变，需要三方共同努力、有效合作，不断演化博弈，在长期发展中达到最优响应策略。在有限理性条件下，社区旅游开发的利益相关者需要在不断地观察、模仿和试错过程中找到最优策略。社区旅游开发的利益相关者以提高自身收益为目标，通过不断地调整自身对旅游干扰的响应策略，最终实现利益均衡，社区生态存储平衡达到最优状态。

本章为了降低现实因素的不确定性，假设三方利益相关者的总目标是一致的，地方政府制定旅游地社区经济、社会、生态可持续发展政策，旅游经营者能够在经济社会利益方面保持均衡策略，游客以提高体验价值最大化为基础作出决策。

8.2.1　模型假设及参数设定

实现旅游地社区生态储存平衡，是一个涉及地方政府、旅游经营者及游客三方对旅游干扰的响应并相互博弈的过程。为了进一步分析利益相关者之间的利益关系，寻求各方的利益均衡点，探索实现高层次社区生态储存平衡的有效途径，需要构建三方利益相关者的演化博弈模型。

假设 8-1：地方政府、旅游经营者及游客是旅游地社区直接的三大利益相关者，假设三者在策略选择上具有有限理性，地方政府以社区整体福利最大化为目标，旅游经营者及游客以自身利益最大化为目标。

假设 8-2：构建社区生态储存演化博弈模型，博弈参与者三方基于有限理性假设，在博弈过程中都遵循惯例进行行为决策，在选择决策时依赖惯性，仅对其他利益主体的现有决策进行分析，不进行未来预测，各方决策受到外部环境因素的影响，信息不完全。各方不断地在演化过程中调整、学习、模仿、试错，逐步实现自身最优策略的均衡。

假设 8－3：地方政府在提供基本公共服务的同时，制定各种政策、法规等来保证经济社会的和谐发展，促进社区生态资源可持续开发与保护，对社区复合生态系统开展公共治理。地方政府作为社区居民的利益代表者，通过政策法规及税收等行政手段和经济手段来调控其他利益相关者的行为，在保护社区生态环境的基础上，鼓励旅游活动的开展，促进社区经济的发展。地方政府在治理社区生态储存时主要有两种策略选择：一是监管社区复合生态系统协调发展，记为 S_1；二是不监管社区复合生态系统协调发展，记为 S_2。地方政府以社区整体福利最大化为目标，基于收益和成本的比较，在两种策略中进行选择，政府以 x 的概率选择监管，以 $1-x$（$x \in [0,1]$）的概率选择不监管，则地方政府对社区生态储存平衡演变的策略集合为 $\{S_1, S_2\}$。

地方政府实施监管策略时，对于能够遵守地方政府相关政策法规的旅游经营者给予一定的奖励和补偿 d；对于不遵守政策法规的旅游经营者进行罚款 e；对于支持地方政府相关管理政策的游客，给予一定的价格优惠和额外服务 b；地方政府执行相关政策促进旅游地社区生态服务价值提升获得的经济收益 q；旅游地社区经济子系统、社会子系统及生态子系统协同耦合，生态储存高层次平衡获得的社区旅游经营者及游客的好评、社区知名度 f；地方政府在监管社区生态储存平衡发展过程中付出的人力、物力等成本 c。如果地方政府采取不监管策略时，社区生态系统耦合关系破坏了，导致社区生态储存平衡演变过程中出现机会成本 f。

假设 8－4：旅游经营者是旅游地社区旅游资源开发的投资者和旅游服务的经营者，旅游经营者的行为策略可以直接影响社区经济的发展状况、社会氛围的形成及生态资源环境的保护，因此，旅游经营者行为策略直接影响社区生态储存演变，其策略有两种：一是遵守地方政府制定的关于社区复合生态子系统协同耦合发展的政策法规和管理措施，记为 E_1；二是不遵守政府的政策法规和管理措施，记为 E_2。旅游经营者选择遵守策略 E_1 的概率为 y，选择不遵守策略 E_2 的概率为 $1-y$（$y \in [0,1]$），则旅游经营者对社区生态储存平衡演变的策略集合为 $\{E_1, E_2\}$。

社区生态系统可以为旅游经营者提供旅游资源、生计资本，创造良好生产经营的经济社会环境，提高旅游经营者利益，因此，旅游经营者遵守政府政策并获得由社区生态储存平衡发展带来的收益 g，旅游经营企业对社区生态环境保护付出成本 h；同时，旅游企业具有不遵循政府政策的动机。旅游企业基于个人利益最大化的目标，不顾社区生态承载力进行大规模投资，实现短期内较大的经济收益 m，旅游经营者间恶意竞争获得经济利益 n，则旅游企业违反了政府政策、法规等遭到政府的处罚支出 e，社区生态、社会经济受到破坏，旅游资源投入不足而产生的机会成本 l。

假设 8 - 5： 游客期望从社区获得高质量的旅游服务体验，对于政府的政策措施具有两种策略：一是支持政府政策措施，游客在旅行过程中自觉维护社区的生态环境，保护社区旅游资源，与当地社区居民良好相处，记为 P_1；二是不支持政府政策措施，在旅行中有意破坏生态环境，损害自然文化资源，将打架斗殴等不良社会风气引入社区，损害社区居民的生产生活空间，记为 P_2。游客在策略行为选择时，以 z 概率选择支持策略，以 1 - z 概率选择不支持策略，z∈［0，1］，则游客对社区生态储存平衡演变的策略集合为 $\{P_1，P_2\}$。

当社区复合生态系统协同耦合发展，社区生态储存达到高层次状态下的平衡时，游客可以从社区获得良好的旅游服务和多种类的旅游体验，游客可以从旅游服务中获得的情感价值为 j，游客从社区获得的直接收益为 i，并且，获得政府给予的价格优惠及额外补偿价值为 b，游客支持政府政策措施，维护生态环境、保护自然人文资源、遵纪守法的行为付出的成本为 k。当游客不支持政府政策措施，获取的直接收益为 r。

8.2.2　损益变量设定及模型构建

地方政府、旅游经营者、游客在演化博弈时，各自都会根据其他利益方的策略选择作出相应的选择，但彼此间信息不对称，每一个博弈参与方都无法在最初阶段找到最优策略，他们需要在长期博弈过程中学习、调整、试错以确定最优策略，实现利益相关者间的均衡，从而使社区生态储存实现最优状态下的平衡。

根据上述假设构建的社区生态储存平衡演化博弈利益相关者不同策略下的

旅游干扰下的社区生态储存响应机理及平衡机制研究

损益量表，见表 8-1。

表 8-1　社区生态储存平衡演化博弈利益相关者不同策略下的损益量表

博弈方	策略	概率	损益变量及解释
政府	监管 S_1	x	d，对于能够遵守地方政府政策法规的旅游经营者给予一定奖励和补偿
			e，对于不遵守政策法规的旅游经营者进行罚款
			b，对于支持政府相关管理政策的游客，给予一定价格优惠和额外服务
			q，地方政府执行相关政策促进旅游地社区生态服务价值提升获得的经济收益
			f，旅游地社区经济子系统、社会子系统及生态子系统协同耦合，生态储存高层次平衡获得的社区旅游经营者及游客的好评、社区知名度
			c，地方政府在监管社区生态储存平衡发展过程中付出的人力、物力等成本
	不监管 S_2	1-x	f，政府采取不监管策略时，社区生态系统耦合关系破坏，导致社区生态储存平衡演变过程中出现机会成本
旅游经营者	遵守 E_1	y	g，旅游经营者具有遵守政府政策并获得由社区生态储存平衡发展带来的收益
			h，旅游经营企业对社区生态环境保护付出成本
			d，地方政府给予的奖励和补偿
	不遵守 E_2	1-y	m，不顾社区生态承载力进行大规模投资，实现短期内快速较大的经济收益
			n，旅游经营者间恶意竞争获得经济利益
			e，旅游企业违反了政府政策、法规等遭到政府的处罚支出
			l，社区生态、社会经济受到破坏，旅游资源投入不足而产生的机会成本
游客	支持 P_1	z	j，游客可以从社区获得良好的旅游服务和多种类的旅游体验，游客可以从旅游服务中获得的情感价值
			i，游客从社区中获得的直接收益
			b，获得政府给予的价格优惠及额外补偿价值
			k，游客支持政府政策措施，维护生态环境，保护自然人文资源、遵纪守法行为付出的成本
	不支持 P_2	1-z	r，当游客不支持政府政策措施，获取的直接收益

注：所有损益变量都大于零。
资料来源：笔者根据相关文献整理而得。

根据假设8－1、假设8－2、假设8－3、假设8－4和假设8－5及表8－1，地方政府、旅游经营者及游客的三方演变博弈模型，见图8－1。

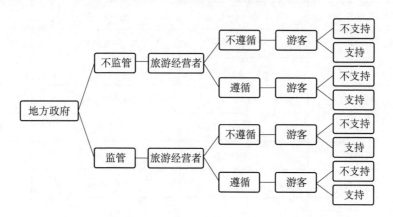

图8－1　地方政府、旅游经营者及游客的三方演变博弈模型

资料来源：笔者根据上述模型假设及表8－1整理绘制而得。

8.2.3　支付矩阵构建

地方政府在社区生态储存演化博弈过程中可以选择的策略是｛监管，不监管｝（｛S_1，S_2｝），旅游经营者在社区生态储存演化博弈过程中可以选择的策略是｛遵守，不遵守｝（｛E_1，E_2｝），在社区生态储存演化博弈过程中，游客可以选择的策略｛支持，不支持｝（｛P_1，P_2｝），三方利益参与者从各自的利益目标出发，从策略集中选择，最后形成八种策略组合，即｛监管，遵守，支持｝（S_1，E_1，P_1），｛监管，遵守，不支持｝（S_1，E_1，P_2），｛监管，不遵守，支持｝（S_1，E_2，P_1），｛监管，不遵守，不支持｝（S_1，E_2，P_2），｛不监管，遵守，支持｝（S_2，E_1，P_1），｛不监管，遵守，不支持｝（S_2，E_1，P_2），｛不监管，不遵守，支持｝（S_2，E_2，P_1），｛不监管，不遵守，不支持｝（S_2，E_2，P_2）。

利益相关者选择不同的策略，可以获得不同的支持收益值。根据地方政府、旅游经营者和游客在博弈时的策略选择及各策略组的相关收益值，社区生态储存平衡演变的三方博弈支付矩阵，见表8－2。

表 8 – 2   **社区生态储存平衡演变的三方博弈支付矩阵**

策略组合	地方政府的支付收益	旅游经营者的支付收益	游客
$\{S_1, E_1, P_1\}$	$-d - b + q + f - c$	$g - h + d$	$j + i + b$
$\{S_1, E_1, P_2\}$	$-d + q + f - c$	$g - h + d$	r
$\{S_1, E_2, P_1\}$	$e - b + q + f - c$	$m + n - e - l$	$j + i + b$
$\{S_1, E_2, P_2\}$	$e + q + f - c$	$m + n - e - l$	r
$\{S_2, E_1, P_1\}$	$-f$	$g - h$	$j + i - k$
$\{S_2, E_1, P_2\}$	$-f$	$g - h$	r
$\{S_2, E_2, P_1\}$	$-f$	$m + n - l$	$j + i - k$
$\{S_2, E_2, P_2\}$	$-f$	$m + n - l$	r

资料来源：笔者根据相关文献整理而得。

地方政府、旅游经营者及游客三方都基于有限理性，追求自身收益最大化，根据各自的支付函数选择最优策略，最终达到均衡状态。

8.3 旅游地社区生态储存动态演化模型博弈分析

8.3.1 收益期望函数构建

结合地方政府、旅游经营者及游客三方选择不同策略的概率及三方博弈支付矩阵，可以计算地方政府、旅游经营者及游客三方各自的期望收益 U 及平均收益 $\overline{U}$。

8.3.1.1 地方政府不同策略选择的期望收益及平均收益

地方政府选择监管策略的期望收益为 U_S^x，则 U_S^x 的公式为：

$$U_S^x = yz (q + f - d - b - c) + y (1 - z) (q + f - d - c) + (1 - y)$$
$$z (e - b + q + f - c) + (1 - y) (1 - z) (e + q + f - c) \qquad (8 - 1)$$

地方政府选择不监管策略的期望收益为 U_S^{1-x}，则 U_S^{1-x} 的公式为：

$$U_S^{1-x} = -f \qquad (8 - 2)$$

地方政府的平均期望收益为 $\overline{U}_S$，则 $\overline{U}_S$ 的公式为：

$$\overline{U}_S = xU_S^x + (1-x)U_S^{1-x} = xyz(q+f-d-b-c) + xy(1-z)(q+f-d-c) +$$
$$x(1-y)z(e-b+q+f-c) + x(1-y)(1-z)(e+q+f-c) + (1-x)(-f)$$

$$(8-3)$$

8.3.1.2　旅游经营者不同策略选择的期望收益及平均收益

旅游经营者选择遵守策略的期望收益为 U_E^y，则 U_E^y 的公式为：

$$U_E^y = xz(g-h+d) + x(1-z)(g-h+d) + (1-x)$$
$$z(g-h) + (1-x)(1-z)(g-h) = xd + (g-h)(2-z) \qquad (8-4)$$

旅游经营者选择不遵守策略的期望收益为 U_E^{1-y}，则 U_E^{1-y} 的公式为：

$$U_E^{1-y} = -e \qquad (8-5)$$

旅游经营者的平均期望收益为 $\overline{U}_E$，则 $\overline{U}_E$ 的公式为：

$$\overline{U}_E = yU_E^y + (1-y)U_E^{1-y} = yxd + y(g-h)(2-z) + (1-y)(-e) \quad (8-6)$$

8.3.1.3　游客不同策略选择的期望收益及平均收益

游客选择支持策略的期望收益为 U_P^z，则 U_P^z 的公式为：

$$U_P^z = xy(j+i+b-k) + x(1-y)(i+b-k) + (1-x)$$
$$y(j+i-k) + (1-x)(1-y)(i-k) \qquad (8-7)$$

游客选择不支持策略的期望收益为 U_P^{1-z}，则 U_P^{1-z} 的公式为：

$$U_P^{1-z} = r \qquad (8-8)$$

游客的平均期望收益为 $\overline{U}_P$，则 $\overline{U}_P$ 的公式为：

$$\overline{U}_P = zU_P^z + (1-z)U_P^{1-z}$$
$$= xyz(j+i+b-k) + x(1-y)z(i+b-k) + (1-x)$$
$$yz(j+i-k) + (1-x)(1-y)z(i-k) + (1-z)r \qquad (8-9)$$

8.3.2　复制动态方程的演化稳定策略分析

社区生态储存平衡演化是三方利益相关者不断调整策略，逐渐达成稳定的过程。通过复制动态方程的分析，可以确定当三方演变博弈达到均衡时是一种大于平均期望收益的策略，即为演化博弈形成稳定状态的策略。在该策略下，旅游地社区生态平衡演化达到一个稳定状态。

8.3.2.1 地方政府选择策略的复制动态方程

地方政府选择策略的复制动态方程为:

$$F(x) = \frac{dx}{dt}x(U_S^x - \overline{U}_S) = x(1-x)(q+f-c+e-bz-yd-ye) \quad (8-10)$$

根据式（8-10）得:

（1）若 $q+f-c+e-bz-yd-ye=0$，则 $z = \frac{q+e(1-y)-c-yd+f}{b}$，无论 x 取何值，均可得 $F(x)=0$，则 x 在 $[0,1]$ 上的任何取值，都是处于稳定状态。

（2）若 $z \neq \frac{q+e(1-y)-c-yd+f}{b}$，令 $F(x)=0$，求得 $x_1=0$，$x_2=0$ 是 x 的两个稳定点。

根据微分方程的稳定性定理，在 x^* 满足 $F(x)<0$ 时，x^* 即为演化稳定策略，

$$F'(x) = (1-2x)(q+f-c+e-bz-yd-ye) \quad (8-11)$$

①若 $(q+f-c+e-bz-yd-ye)<0$，则 $\frac{q+e(1-y)-c-yd+f}{b}<0$，$z > \frac{q+e(1-y)-c-yd+f}{b}$ 恒成立，此时，要满足 $F'(x)<0$，则 $x_1=0$ 为稳定点，地方政府会选择不监管策略。$q+e(1-y)-c-yd-bzf-f$，即地方政府选择实施监管策略时，地方政府执行相关政策促进旅游地社区生态服务价值提升获得的经济收益 q，加上对不遵守地方政府相关政策的旅游经营者的处罚收入 e（ry），减去地方政府在监管社区生态储存平衡发展过程中付出的人力成本、物力成本等成本 c、减去对遵守政府政策旅游经营者的奖励 yd 及对游客支持政府政策的补偿 bz，小于政府在不监管下的机会成本 -f。有限理性的地方政府，将会选择不监管策略，从而获得更高收入。

②若 $q+e(1-y)-c-yd-bz>-f$，即 $\frac{q+e(1-y)-c-yd-bz+f}{b}>0$，则两种情况需要分析:

第一，若 $z > \dfrac{q+e\,(1-y)\,-c-yd+f}{b}$ 时，$F_{x\to 0}(x)' = \dfrac{dF\,(x)}{dx} < 0$，$F_{x\to 1}(x)' =$ $\dfrac{dF\,(x)}{dx} > 0$，此时，$x_1 = 0$ 是稳定点，社区生态储存平衡经过长期演化博弈，最终，政府基于有限理性及自身收益最大化会选择不监管策略，原因同上。

第二，若 $z < \dfrac{q+e\,(1-y)\,-c-yd-bz+f}{b}$ 时，$F_{x\to 1}(x)' = \dfrac{dF\,(x)}{dx} < 0$，$F_{x\to 0}(x)' = \dfrac{dF\,(x)}{dx} > 0$，此时，$x_1 = 1$ 是稳定点。社区生态储存平衡经过长期演化博弈，最终，政府基于有限理性及自身收益最大化会选择监管策略。

8.3.2.2　旅游经营者选择策略的复制动态方程

旅游经营者选择策略的复制动态方程为：

$$F(y) = \dfrac{dy}{dt} y(U_E^y - \overline{U}_E) = y(1-y)(g-h-m-n+l+xd+xe) \quad (8-12)$$

（1）若 $x = \dfrac{g-h-m-n+l}{-(e+d)}$ 时，则 $g-h-m-n+l+xd+xe = 0$，无论 y 取何值，均可得到 $F(y) = 0$，即 y 在 $[0,1]$ 上取任何值，旅游经营者选择的策略都处于均衡状态。

（2）若 $x \neq \dfrac{g-h-m-n+l}{-(e+d)}$，令 $F(y) = 0$，求得 $y_1 = 0$，$y_2 = 1$ 是 y 的两个稳定点。

根据微分方程的稳定性定理，在 y^* 满足 $F(y) < 0$ 时，则 y^* 为演化博弈的稳定策略，对 $F(y)$ 求导得：

$$F(y)' = (1-2y)(g-h-m-n+l+xd+xe) \quad (8-13)$$

①若 $g-h-m-n+l+xd+xe > 0$，则要满足 $F(y)' < 0$，$y_2 = 1$ 是稳定点，即旅游经营者会选择遵守政策的策略。旅游经营者选择不遵守政府政策获得的收益（旅游企业不顾社区生态承载力进行大规模投资，实现短期内快速且较大的经济收益 m，加上旅游经营者之间恶意竞争获得的经济利益 n，减去社区生态、社会经济的破坏，旅游资源投入不足而产生的机会成本 l）小于旅游经营者遵守地方政府相关政策获得的收益（旅游经营者遵守地方政府的相关政策并获得由社区生态储存平衡发展带来的利益 g，减去旅游经营

企业对社区生态环境保护付出成本 h，加上旅游企业违反地方政府相关政策、法律等受到地方政府的处罚支出 e）。

②若 $g - h - m - n + l + xd + xe < 0$，即 $\dfrac{g - h - m - n + l}{-(e+d)} > 0$，有两种情况需要考虑：

第一，若 $x > \dfrac{g - h - m - n + l}{-(e+d)}$ 时，$F(y)'_{y\to 1} = \dfrac{dF(y)}{dy} < 0$，$F(y)'_{y\to 0} = \dfrac{dF(y)}{dy} > 0$，此时，$y_2 = 1$ 是稳定点，即旅游经营者会选择遵守策略。原因在于，旅游经营者选择不遵守地方政府相关政策获得的收益，小于旅游经营者遵守地方政府相关政策获得的收益。

第二，若 $x < \dfrac{g - h - m - n + l}{-(e+d)}$ 时，$F(y)'_{y\to 0} = \dfrac{dF(y)}{dy} < 0$，$F(y)'_{y\to 1} = \dfrac{dF(y)}{dy} > 0$，此时，$y_1 = 0$ 是稳定点，即旅游经营者会选择遵守策略。原因在于，旅游经营者选择不遵守地方政府相关政策获得的收益，小于旅游经营者遵守地方政府相关政策获得的收益。

8.3.2.3　游客选择策略的复制动态方程

游客选择策略的复制动态方程为：

$$F(z) = \frac{dz}{dt}z(U_P^z - \overline{U}_P) = z(1-z)(i - k - r + xb + yj) \tag{8-14}$$

根据式（8-14）可以推出：

（1）若 $i - k - r + xb + yj = 0$，则 $x = \dfrac{k + r - i - yj}{b}$ 时，无论 z 取何值，均可得到 $F(z) = 0$，$F(z)' = 0$，即表示 z 在 $[0,1]$ 上取任何值，游客都可达到稳定状态。

（2）若 $i - k - r + xb + yj \neq 0$，令 $F(z) = 0$，求得 $z_1 = 0$，$z_2 = 1$ 是 z 的两个稳定值。

根据微分方程的稳定性定理，在 z^* 满足 $F(z)' < 0$ 时，z^* 为演化博弈的稳定值，对 $F(z)$ 求导得：

$$F(z)' = (1-2z)(i - k - r + xb + yj) \tag{8-15}$$

①若 $i - k - r + xb + yj > 0$，则 $x > \dfrac{k + r - i - yj}{b}$，此时，要满足 $F(z)' < 0$

时，则 $z_2 = 1$ 是稳定点，游客将选择支持策略。原因在于，游客选择支持当地政府相关政策措施获取的收益（游客可以从社区中获得良好的旅游服务和多种类的旅游体验，游客可以从旅游服务中获得的情感价值 j，加上游客从社区中获得的直接收益 i，减去游客支持地方政府相关政策措施、维护生态环境、保护自然人文资源、遵纪守法的行为付出的成本 k，扣除地方政府给予的补偿收益），大于游客不支持地方政府相关政策，获取的直接收益 r。

②若 $i - k - r + xb + yj < 0$，则有两种情况需要分析：

第一，当 $x > \dfrac{k + r - i - yj}{b}$ 时，$F_{z \to 0}(z)' = \dfrac{dF(z)}{dz} < 0$，$F_{z \to 1}(z)' = \dfrac{dF(z)}{dz} > 0$，此时，$z_2 = 1$ 是稳定点，游客经过长期演化博弈，最终的选择策略是支持地方政府相关政策。原因在于，游客不支持地方政府相关政策，获取的直接收益小于游客支持地方政府相关政策获得的收益。

第二，当 $x < \dfrac{k + r - i - yj}{b}$ 时，$F_{z \to 1}(z)' = \dfrac{dF(z)}{dz} < 0$，$F_{z \to 0}(z)' = \dfrac{dF(z)}{dz} > 0$，此时，$z_1 = 0$ 是稳定点，游客将选择不支持策略。

8.3.3　均衡点稳定性分析

通过比较地方政府、旅游经营者及游客在不同策略选择下的收益，分析三者对旅游干扰的响应行为，为寻求社区生态储存平衡演化博弈的均衡结果，结合式（8-10）、式（8-12）、式（8-14），联立建立方程组（8-16）。

$$\begin{cases} F(x) = x(1-x)(q+f-c+e-bz-yd-ye) \\ F(y) = y(1-y)(g-h-m-n+l+xd+xe+zv) \\ F(z) = z(1-z)(i-k-r+xb+yj) \end{cases} \quad (8-16)$$

根据方程组（8-16），存在以下 8 个特殊均衡点。

$M_1 = (0, 0, 0)$，$M_2 = (0, 0, 1)$，$M_3 = (0, 1, 0)$，$M_4 = (1, 0, 0)$，$M_5 = (0, 1, 1)$，$M_6 = (1, 0, 1)$，$M_7 = (1, 1, 0)$，$M_8 = (1, 1, 1)$

这 8 个特殊均衡点构成演化博弈解域的边界 $\{x, y, z \mid x = 0, 1; y = 0, 1; z = 0, 1\}$，它们围成的区域是演化博弈的均衡解域，同时满足式（8-17）的均衡解 $M(x, y, z)$。

$$\begin{cases} q+f-c+e-bz-yd-ye=0 \\ g-h-m-n+l+xd+xe+zv=0 \\ i-k-r+xb+yj=0 \end{cases} \quad (8-17)$$

通过计算得出均衡解为：

$$M_9 = \left(0, \frac{r+k-i}{j}, \frac{h+m+n-g-l}{v}\right), \quad M_{10} = \left(1, \frac{r+k-i-b}{j}, \right.$$
$$\left.\frac{h+m+n-g-l-d-e}{v}\right),$$

$$M_{11} = \left(\frac{r+k-i}{b}, 0, \frac{q+f-c+e}{b}\right), \quad M_{12} = \left(\frac{r+k-i-j}{b}, 1, \frac{q+f-c-d}{b}\right),$$

$$M_{13} = \left(\frac{h+m+n-g-l}{d+e}, \frac{q+f-c+e}{d+e}, 0\right), \quad M_{14} = \left(\frac{h+m+n-g-l-z}{d+e}, \right.$$
$$\left.\frac{q+f-c+e-b}{d+e}, 0\right)$$

$$M_{15} = \left(\frac{(r+k-i)(v-b)(d+e)-[(q+f-c+e)(v-b)-b(q+f-c+e+g-h-m-n+l)]j}{b(v-b)(d+e)}, \right.$$

$$\left.\frac{(q+f-c+e)(v-b)-b(q+f-c+e+g-h-m-n+l)}{(v-b)(d+e)}, \frac{q+f-q+f+c+e+g-h-m-n+l}{v-b}\right)$$

地方政府、旅游经营者及游客复制动态方程求导，即结合式（8-11）、式（8-13）、式（8-14），联立建立方程组（8-18）。

$$\begin{cases} F(x)' = (1-2x)(q+f-c+e-bz-yd-ye) \\ F(y)' = (1-2y)(g-h-m-n+l+xd+xe+zv) \\ F(z)' = (1-2z)(i-k-r+xb+yj) \end{cases} \quad (8-18)$$

根据演化博弈的特征，当 $F(x)'<0$，$F(y)'<0$，$F(z)'<0$ 时，三方演化博弈最终实现均衡解，旅游地社区生态储存平衡达到稳定状态，需将各均衡点代入式（8-18），得出雅克比矩阵（8-19）为：

$$J = \begin{bmatrix} (1-2x)(q+f-c+e-bz-yd-ye) & x(1-x)(-d-e) & x(1-x)(-b) \\ y(1-y)d & (1-2y)(g-h-m-n+l+xd+xe+zv) & y(1-y)v \\ z(1-z)b & z(1-z)j & (1-2z)(i-k-r+xb+yj) \end{bmatrix}$$

$$(8-19)$$

根据李雅普诺夫稳定性理论，如果矩阵 J 的所有特征根都是负实部，则社区生态储存平衡演化最终达到稳定；当矩阵 J 的特征根有一个或一个以上是正实部，则系统不稳定，系统的非正实部部分为鞍点；当矩阵 J 的特征根全部为正实部，则系统的均衡点不稳定。如果矩阵 J 的特征值存在除实部为 0 的特征之外，其余特征值都是负实部，则系统的均衡点处于临界状态，其稳定性取决于高阶导数，不能由雅克比矩阵的特征值符号来确定。本章通过对参数赋值进行模拟，得出三方演化博弈均衡动态稳定性，进一步作出策略选择。

8.4　数值仿真模拟分析

通过博弈模型均衡点分析，即可得出地方政府、旅游经营者及游客三方动态演化的稳定性。为了更直观地反映其策略的稳定性，通过参数赋值来模拟其策略的动态演化过程。

参数赋值需要结合实际情况，同时结合地方政府、旅游经营者及游客三方决策的三种情景进行模拟，共取三组数值模拟分析，聘请相关专家对不同情景下的决策参数值按照 1～10 分来打分，并予以赋值。通过 Matlab 2016a 软件来模拟三个仿真主体的决策动态演化过程。

8.4.1　基于地方政府生态化管理响应策略的演化稳定分析

基于地方政府的严格监管策略，各参数值分别为 $d=5$，$e=8$，$b=5$，$q=9$，$c=2$，$f=3$，$g=6$，$h=3$，$m=4$，$n=3$，$l=2$，$j=5$，$i=4$，$k=3$，$r=3$，经过计算可知 $(0,0,0)$、$(0,0,1)$、$(0,1,0)$、$(1,0,0)$、$(1,1,0)$、$(1,1,1)$ 为鞍点，其中，$(0,1,1)$ 为不稳定点，$(1,1,1)$ 为演化稳定策略（ESS）均衡点。当地方政府采取严格的监管策略时，更重视对旅游经营者的奖励与惩罚，为支持地方政府政策的游客提供相应的价值让渡，从而三方最终演化博弈的均衡状态是（监督、遵循、支持）。

地方政府在三方博弈演化过程中起到主导作用，地方政府采用监管策略，通过加大对旅游经营者的惩罚与奖励以保障旅游经营者选择遵循地方政府维护社区生态系统可持续发展的政策法规。地方政府是博弈模型实现均衡的有力保障。

8.4.2　基于旅游企业维护响应策略的演化稳定分析

考虑在旅游企业遵循响应策略的情景下，旅游企业遵循地方政府关于社区生态系统可持续发展的政策法规，诚信经营、生态资源开发与保护同时进行，获得游客的支持从而获得更高收益。各参数估值为：$d=3$，$e=4$，$b=2$，$q=9$，$c=2$，$f=3$，$g=8$，$h=6$，$m=4$，$n=3$，$l=2$，$j=6$，$i=5$，$k=3$，$r=4$，经计算得出（0，0，0）、（0，0，1）、（0，1，0）、（1，0，0），（1，0，1）、（1，1，1）为鞍点，其中，（0，1，1）为不稳定点，（1，1，0）为ESS均衡点。

通过上述模拟分析，旅游经营者选择遵循策略，有助于其提升形象，虽然遵循地方政府的政策，在经营过程中关注生态环境的保护，加大治污力度等会增加旅游经营者的成本，压缩获利空间，但旅游经营者的行为创造出更好的社区生态环境、社会关系，使企业从社区生态服务中获得更多报酬。因此，三方演化博弈的均衡解，为（监督、遵循、不支持）。游客选择不支持策略，反映出游客的决策受地方政府与旅游经营者的影响不大。

旅游经营者选择遵循策略，对社区生态储存的影响较大。旅游经营者遵循地方政府政策措施，在旅游开发过程中以提升生态服务价值为目标，可以起到良好的示范效应，促使社区生态储存平衡演变处于良性循环发展中；游客的影响效度较低，即使游客选择不支持策略，也不会影响社区生态储存平衡演化的最终均衡状态。

8.4.3　基于游客支持响应策略的演化稳定分析

当游客选择支持策略时，游客的策略选择结果主要为通过降低违法旅游经营者的行业口碑来影响旅游经营者的收益，影响效应较小。$d=3$，$e=4$，$b=3$，$q=9$，$c=2$，$f=3$，$g=5$，$h=3$，$m=4$，$n=3$，$l=2$，$j=7$，$i=6$，$k=4$，经计算得出（0，0，0）、（0，1，0）、（0，0，1）、（1，1，0）、（1，0，1）、（1，1，1）为鞍点，（0，1，1）为不稳定解，（1，0，0）为ESS均衡解。游客的影响程度较小，游客的不支持策略并不会改变社区生态储存平衡演进的均衡结果。在该情景下，地方政府选择监管策略，旅游经营者选择不遵循策略，三方博弈在（监管、不遵循、不支持）的点上达到均衡。

8.5 旅游地社区生态储存平衡的多元协同治理

旅游地社区生态储存平衡演进，需要协同核心利益相关者的利益冲突，推动生态储存达到最优状态。通过对旅游地社区生态储存平衡演进博弈的分析，构建多元利益协同调控模型，政府采取监督策略，对旅游经营方和游客采取奖励策略和惩罚策略以促进旅游地社区复合生态系统进入良性循环，旅游经营者遵循政府生态管理的相关政策，提供高效的旅游供给服务，游客选择支持政府发展旅游的策略，自觉地保护旅游地社区自然资源环境、人文资源环境，从而实现旅游地社区生态储存平衡演进。

8.5.1 利益相关者多元协同治理模型构建

旅游地通过协调机制协调政府、经营者及社区居民的关系，以促进旅游业的发展。本章基于利益相关者理论、社会网络理论及社会交换理论（Xie，2006），以社区利益表达方式、获取方式、分享方式及确权方式，构建立体多样化利益协同治理模型。及时高效的利益沟通模式、优势互补的利益参与模式、责权对等的利益分配模式及合理完善的利益保障模式，以此对社区核心利益相关者的利益进行多元整合以满足其利益诉求，旅游地社区利益相关者多元协同治理模型，见图8-2。

8.5.1.1 构建及时高效的利益沟通模式实现利益表达

行动者网络理论又称转译社会学（Latour，2005），强调在网络结构下，多元主体间的结构与互动可以使利益相关者更好地嵌入旅游地社区中，不断把社区内行为主体的兴趣问题化、利益赋予、征召等转译成共同的行动，使其更为主动地融入旅游地社区生态储存适应性平衡发展过程中。旅游地社区可以视为一个混合的网络化空间（Latour，1990），网络结构中各个节点间联系的强度及网络运行效率反映了社区内行为者间的沟通能力。旅游地社区构建及时、高效的沟通机制可以提高行为者的转译能力，也是解决旅游地社区复合生态系统社会空间转向耦合协同能力的关键，进而推动社区生态储存适应性平衡发展。

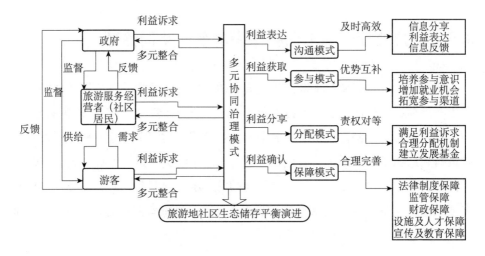

图8-2 旅游地社区利益相关者多元协同治理模型

资料来源：笔者根据旅游地社区利益相关者多元协同治理思路绘制而得。

在旅游干扰下，旅游地社区复合生态系统协同耦合发展过程中会出现各种各样的问题，通过有效沟通实现地方政府、旅游经营者及游客间的利益均衡是解决问题的有效途径。构建及时高效的沟通模式，是建立在信息有效、及时传递的基础之上。通过旅游地社区复合生态系统信息转换器，实现利益相关者间信息共享、信息表达和信息反馈，从而有效地将政府的旅游地社区生态化管理、旅游开发的相关政策措施传达给旅游经营者及游客，旅游经营者及游客可以有效地将自身的利益诉求反馈给地方政府，地方政府进一步将处理的结果通过发布会、网站公示、制度规则等方式传达给其他利益相关者，以提高利益相关者参与推动旅游地社区生态储存适应性平衡发展的主观能动性。

8.5.1.2 构建优势互补的利益参与模式实现利益公平获取

旅游地社区内各行为主体都应有平等地参与经济活动、生态活动及社会活动的机会和途径。发挥社区居民、旅游企业共同参与旅游活动供给的主观能动性，对旅游活动具有重要意义。构建优势互补的利益参与模式，可以保障社区内各类行为主体的共同参与及主动参与，满足旅游地社区生态储存适应性平衡发展的需要（朱晓静，2013）。

（1）培养行为主体的主动参与意识。首先，培养社区居民的主动参与意识。社区居民是社区生态储存适应性发展的主要响应主体，是旅游相关经营活动的直接参与者及承受者，参与社区旅游经营活动是实现脱贫发展的主要途径。在大多数旅游社区，社区居民在社会系统中属于弱势群体，其参与社区旅游经营活动经常被边缘化，因此，在促进社区生态储存平衡发展过程中，提高社区居民参与旅游产品的开发、社区自然旅游资源、人文旅游资源的传承和保护意识，社区居民就会主动遵循政府的相关政策，当遇到外在干扰社区自然资源和社会资源时，可以与政府一同抵制（Cornet，2015），为乡村社区旅游开发创造良好的环境。其次，培养旅游经营者参与意识。当旅游经营者主动、自觉地参与社区发展活动，就可以更好地遵循政府的相关政策措施，从可持续发展视角投资社区旅游开发活动及社区生态资源的保护和发展。最后，培养游客社区发展活动的参与意识。当游客能够切身参与社区旅游开发活动，就可以更好地提高旅游体验感知能力，并可以直接将参与过程中的感知问题反馈给政府及旅游经营者，获得及时回复。

（2）增加就业机会。地方政府及旅游经营者可以通过各种扶持政策和措施，如对农户进行经营教育培训、提供资金支持、税收工商等方面的优惠政策等，加大农户参与旅游经营活动的能力，增加农户的就业机会。

（3）拓宽参与渠道。拓宽旅游经营者及社区居民旅游活动参与渠道，如鼓励社区居民参与各种旅游产品博览展销会、旅游产品网站宣传等，促进社区居民将农产品旅游产品化；通过在线旅游平台（携程、马蜂窝等）增加社区旅游地的知名度，并拓宽客源市场。

8.5.1.3　构建责权对等的利益分配模式实现利益分享

根据社会交换理论，在旅游地社区行为主体参与社区发展的相关活动中，各自承担不同的责任和权利。旅游经营者及社区居民在开发旅游经营中获取利益的同时，应承担相应的社会责任，政府应实现责任引导，匹配相应权利，提高参与人的积极性和主动性，使其能够更好地参与社区生态、经济、社会发展，并遵循和支持政府政策，保护社区自然生态环境，支持社区建设和旅游开发。主要措施有：（1）满足各方利益主体的利益诉求，特别是社区居民的利益满足。（2）根据资产损失进行利益补偿：①土地经营权补偿收益，在旅游开发过程中，社区内部人地关系会发生变化，农户的土地会被征用于旅游开发，需要对失地农户进行合理的、有保障的土地补偿，以保证农户生计的可持续发展。②生态受损度补偿，旅游干扰会对社区生态储存平衡发展产生负面影响，政府及旅游经营者应制定对污染、噪声等的补偿，对社区居民进行生态补贴。③生计资本状况参与利益分配。社区需要建立明确的产权制度，各行为主体基于自身的生计资本参与旅游活动的贡献大小确定分配比例，保证分配公平、公开。（3）设立社区生态储存平衡发展的产业基金，设立社区发展基金，用于社区生态环境的保护、社区公共基础设施的建设、社区农户的教育培训等。

8.5.1.4　构建完善合理的利益保障模式实现利益确认

旅游地社区生态储存适应性平衡发展，需要从制度、法律、监管、设施、人才、教育等方面构建保障模式，保障信息沟通模式、利益参与模式、利益分配模式的实现，保障利益相关者的利益表达及利益确认。

8.5.2　旅游地社区多中心治理策略

旅游地社区生态储存适应性平衡发展，涉及社区居民生计资本提升、生计策略多元化、社区经济社会协调发展、社区生态环境恢复与保护、旅游产业的可持续发展等问题。根据多中心治理理论，旅游地社区生态储存适应性平衡发展的实现，需要社区多元的独立行为主体要素（地方政府、社区居民、旅游经营企业、游客等），基于一定的集体行为规则，通过互相博弈、互相调适、共同参与合作等，形成地方政府、市场机制及社会群体多中心的公共事务管理模式。一方面，地方政府基于旅游地社区内外干扰的压力及社区内行为主体发展诉求，形成自上而下的政策制定管理模式（埃莉诺和奥斯特罗姆，2000）；另一方面，强化社区居民、旅游经营者、游客等利益相关者形成自下而上适应性演化的市场竞争调节管理秩序。

8.5.2.1 强化地方政府引导

旅游地社区强化地方政府引导下推动经济子系统、社会子系统及生态子系统间的耦合协同，实现社区生态储存适应性平衡演进。

（1）构建社区复合生态系统的利益补偿制度。旅游产业对推进社区经济结构调整、文化价值提升、社区居民生计资本发展起到重要作用，但旅游开发一定程度上也给社区复合生态系统带来了压力，社区复合生态系统表现出脆弱性。随着乡村社区高质量发展目标的启动，旅游地社区应在生态环境建设和经济社会环境治理方面给予更多的财力支撑和优惠倾斜，构建利益补偿机制是保护社区复合生态环境、维护和谐经济社会环境的必要措施。①设置旅游地社区利益补偿政策改革试点区，统筹考虑地方政府、社区居民、旅游经营者、游客等对社区生态储存适应性平衡发展的贡献和压力，推行社区生态建设补偿税、给予旅游可持续开发项目信贷优惠及财政补贴，对于农户土地、资源等的征占给予合适的补偿并为其生计可持续发展提供指导。②明确社区内各种资源的产权，探索利益补偿的市场化运行机制。对社区内自然资源、文化资源、生态资源进行市场化价格定制，使其能够全面反映各类资源的市场供应状况及稀缺程度。资源的价格不仅表现为资源的使用成本和消耗成本，还可以反映资源保护与开发的生态效益、社会经济效益。③对破坏生态环境的行为进行处罚。

（2）加强社区的生态环境保护与经济社会生态化治理。加大社区的生态环境保护与经济社会生态化治理的投入力度、保护力度及建设力度。①保障上级部门对社区复合生态系统可持续发展的专项资金拨款落实及高效利用。②根据旅游开发对社区复合生态环境带来的压力和破坏，制定生态恢复及环境治理的专项建设规划，鼓励旅游经营者和游客主动、自觉地参与并支持地方政府制定的关于社区复合生态环境可持续演变的政策制度。③创建旅游地社区生态储存适应性平衡发展为导向的绩效考核评价奖惩机制，将各项措施和治理工作落实到具体责任人。

8.5.2.2 突出市场主导

旅游地社区注重以市场为主导的社区经济系统，以产业结构优化升级为核心，推动社区生态的平衡演进。

（1）推行旅游地社区特色生态化农业发展。以社区内林地、耕地红线为界，鼓励农户通过土地出租、转包、转让、股份合作等形式实现土地、林地承包经营权的流转，集中社区内有限的土地资源，实现发展规模化、生态化及高效化的有机生态农业，将社区内生产性农田景观化，开发有机农场、生态湿地等，提升农田的生态价值及经济效益。同时，鼓励农户保留农田肌理，开垦和利用荒废农田，在传统种植业基础上开发观光体验式农业。例如，结合农作物生长的季节性、周期性特征，将人工修饰和自然特色相结合，开发大地景观，提升生产性农田景观的观光价值；将农业生产与文化教育相结合，通过开发农事体验、采摘体验等旅游产品，为农耕文化和农业现代技术的展示提供教育平台，提高生产性农田的社会经济价值。

（2）拓宽旅游地社区新型工业发展空间，旅游地社区工业的发展需要改变传统的高耗能、高污染的工业发展模式，打造文旅农工相融合的生态化工业发展空间。将农产品、旅游产品进行现代化工业生产，提高经济附加值；将社区内的工业建筑与生态修复相结合，对工业建筑与生产流程采用特色主题的形式进行风格改造和价值提升，打造成为特色的工业科普场所，提高社会文化价值。

（3）旅游地社区旅游业的发展强调融合性，通过文旅融合发展旅游新业态，提升旅游业的主导地位。乡村社区一般拥有较为丰富的自然资源、文化民俗、历史遗迹等人文资源，旅游业的发展注重其文化特质的渗透性，在文旅融合的大趋势下，发展旅游新业态，形成社区人地和谐的局面。一方面，通过旅游业的发展可以提升社区经济收入，扩大社区的市场需求、增加就业、调整产业结构，使得社区系统的经济文化服务价值不断提升；另一方面，发展生态旅游业，注重乡村生态环境建设与开发，打造生态景观和生态旅游品牌，增加旅游业的附加值。同时，旅游业的发展又可以反哺社区生态资源环境的开发保护，形成社区生态系统、经济系统与社会系统的协同耦合发展模式，促进社区生态储存适应性平衡发展。

8.5.2.3 推行自我管理

旅游活动对社区复合生态系统的干扰，表现为一种"人地关系"中的复杂现象，通过多学科的问题诊断，旅游干扰下社区生态储存平衡演进主要基于社区系统间行为主体的行为互动及对各种干扰的响应行为。

（1）加强社区居民的收益分配权，促进管理民主化。满足社区居民的利益诉求，按照社区居民拥有的资源情况，获得相应的物质补偿和收益分配；提高社区居民的自主管理能力，政府对其进行教育培训、制定村民议事制度、政务公开制度等，提高社区居民社区建设的主观能动性及自主管理能力。如在旅游开发过程中，白河乡农户以其自身土地资源、人力资源入股旅游开发公司，年末农户可以根据资本投入对旅游开发的贡献度获得收益；栾川县村委会让社区居民担任社区旅游开发的监督管理员和垃圾管理员，年末根据旅游开发绩效及社区生态环境评价得分，对其进行奖励或惩罚。

（2）加强对社区居民和游客的宣传教育，提升自主促进社区系统发展的自觉性。采用宣传标语、微信公众号、广播电视等对政府制定的旅游地社区发展政策措施进行宣传，使社区居民和游客能够自觉遵循和支持政府政策措施，在人人参与旅游地社区发展的活动中，形成良好的共建氛围。

8.6　本章小结

在旅游地社区生态储存平衡的博弈演进分析中，博弈参与方都根据自身利益最大化选择策略。政府采用监督策略，并加大对旅游经营者及游客的奖励和惩罚以调整其行为策略，保障各方利益均衡；旅游经营者在遵循政府政策的基础上，为了获得更多收益，在维护生态环境基础上积极开发多样化的旅游产品，诚信经营以满足游客需求；游客为了获得更高的服务价值，支持政府的政策措施，自觉地参与社区生态环境保护、社区旅游宣传，从而增加在社区旅游活动中的体验价值。三方选择自身的最优策略，演化博弈达到均衡状态，社区复合生态系统服务价值呈现高水平，社区生态储存在高层次实现平衡发展。

为了更好地保障社区参与旅游的正向作用，促进社区生态储存平衡可持续演进，需要构建多元协同调控模式，有效治理各利益相关者在参与旅游开发中互相影响的响应行为。包括以及时高效的利益沟通模式实现利益表达、以优势互补的利益参与模式实现利益公平获取、以责权对等的利益分配模式实现利益分享、以完善合理的利益保障模式实现利益确认。

第9章 旅游干扰下社区生态储存平衡适应性治理路径

20世纪60年代末，在公共资源管理实践中，出现了"市场失灵"及"政府失灵"的问题，奥斯特罗姆（1994）提出自组织应对途径。自组织理念将利益相关者参与管理视为影响系统的关键因素，即耦合社会—生态系统的治理子系统。与此同时，生态学也接受了来自系统科学的"适应性理论""复杂—自适应系统理论"等概念，如霍林等（1973）提出自然生态系统的"韧性"管理理论，分析区域生态系统的运行机制。随着人类社会系统与生态系统间的关系越来越密切（Starzomski，2004），仅强调对生态系统的韧性管理已不足以应对复合生态系统的复杂性，在此背景下，适应性治理理论应运而生，成为解决人类社会系统与生态系统耦合发展问题的主要理论。

适应性治理理论融合了复合生态系统韧性管理理念与系统治理理念，主要强调多个利益相关者参与决策的协同治理。适应性治理理论将治理政策与复合生态系统联系起来，通过对管理措施的精心设计及严格执行，探究系统对管理措施的响应，以提高人们对复合生态系统的管理认知来持续地保障人类福祉（Walter，1997）。旅游地社区生态储存平衡发展以人地关系耦合发展为指导，以可持续保障旅游地社区居民福祉为目标。适应性治理是促进社区生态储存平衡演进发展的主要途径。本书引入适应性治理概念，以人为中心，协同社区经济子系统、社会子系统、生态子系统的内部要素及关系，从社区内行为主体对旅游干扰的响应能力入手进行分析，结合旅游地社区生态储存平衡演进的运行轨迹，促进旅游地社区人、环境、经济的共生与发展，探讨旅游地社区生态储存适应性平衡发展的调控与治理。

9.1　社区生态储存平衡适应性治理目标

　　旅游干扰下社区生态储存平衡整体目标是乡村社区复合生态系统内部的生态子系统、经济子系统、社会子系统耦合发展、相互协同与相互促进，社区生态服务功能结构稳定有序化，生态服务价值持续上升化，即表现为社区的全面健康发展，生态效益、经济效益及社会效益的有机统一，旅游干扰下社区生态储存平衡调控治理目标，见图9-1。

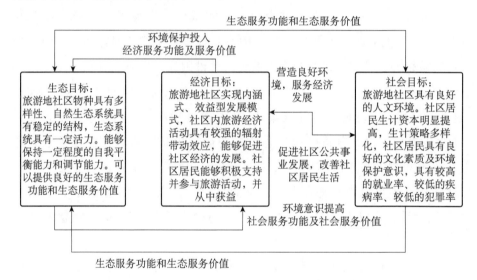

图9-1　旅游干扰下社区生态储存平衡调控治理目标

资料来源：笔者根据旅游干扰下社区生态储存平衡调控治理目标的研究思路整理绘制而得。

9.1.1　社区生态储存平衡适应性治理的生态目标

　　旅游干扰下社区生态储存平衡适应性治理的生态目标主要表现为社区生态系统物种仍保持多样性，生态自然系统内部物种间可以有效地响应外部干扰并进行自我修复，保持平衡发展；生态系统具有自组织性和有序性，能够自我调节平衡与延展生态系统功能；提供良好的生态服务功能和生态服务价值。

旅游干扰下社区生态储存平衡适应性治理的生态目标是保持社区经济发展与社会和谐的基础。社区生态系统提供的生态服务功能，支撑并约束社区经济系统下生产功能与社会系统下生活功能的发展方向，能够正向响应旅游干扰并协调人地关系，能够实现并保持社区生态储存可持续平衡演化。

9.1.2　社区生态储存平衡适应性治理的经济目标

旅游干扰下社区生态储存平衡适应性治理的经济目标是社区经济系统自组织响应旅游干扰以实现系统内涵式与效益型发展，从而能够促进社区内旅游经济活动的辐射带动效应，保障社区居民可持续福祉水平的提升。

旅游干扰下社区生态储存平衡适应性治理的经济目标是社区社会系统和生态系统有序发展的保障，表现为旅游地社区产业结构的转型与升级、社区居民生计策略多样性、农村生产总值及社区居民生计资本的提升。

9.1.3　社区生态储存平衡适应性治理的社会目标

旅游干扰下社区生态储存平衡适应性治理的社会目标表现为社区具有良好的人文环境、社区居民具有较高的幸福指数及健康指数、社区居民生计策略多样性、人居生活环境及人际关系良好、社区居民具有较高的文化素养及环境保护意识、社区具有较高的就业率及较低的犯罪率。

随着旅游干扰强度的不断上升，社区的信息、物质与能量间的交互活动更加频繁，一方面，随着旅游地社区人地结构关系的剧烈变化，改变了传统的生产空间、生活空间及生态空间，从而使社区复合生态系统生态服务功能价值下降；另一方面，社区复合生态系统对旅游干扰的响应能力也会随之增强，旅游活动的发展促进了社区经济生活的繁荣，提升了社区居民的自主生态保护意识，社区居民更愿意从事旅游活动获取更多生产要素，以提高自身经济福利，从而推动社区社会系统及生态系统的协同健康发展。

9.2　旅游干扰下社区生态储存平衡适应性治理的整体框架

旅游干扰下社区生态储存平衡发展，是社区经济社会发展与生态保护之间耦合协同的具体表现，旅游地社区生态储存的演变轨迹反映了人类持续利用和开发自然资源与社区经济社会发展间的一种平衡关系。本书中旅游干扰对社区生态储存的影响效应及社区生态储存对旅游干扰的响应机制，均是对社区生态储存与旅游干扰关系的描述与分析，反映了旅游干扰下社区人地关系的动态变化对生态系统服务功能与服务价值的影响。通过对旅游干扰下社区生态储存平衡演化的定性研判与定量研判以及社区生态储存平衡的演化博弈分析，得出旅游地社区复合生态系统的调控与管理需要"市场+政府"联合，从制度、技术、行为规范入手，协同耦合社区内经济子系统、社会子系统及生态子系统在时间、空间、结构上的梳理及配置流程等方面的关系，促进社区复合生态系统服务价值的高效提升，实现社区生态储存适应性平衡发展。

旅游干扰下社区生态储存平衡演化的适应性治理，是对旅游地社区复合生态系统进行主动的、全方位的维护与管理，通过投入产出优化、多元协同调控、适应性平衡治理等手段，从动力源、响应过程及响应调控三方面构建整体框架。旅游干扰下社区生态储存平衡演化，视为旅游活动与社区复合生态系统耦合关系的结果，基于熵变理论分析旅游活动与社区系统投入产出优化、基于多元主体演化博弈分析多元主体协同演化、基于 PSR 模型分析社区生态储存对旅游干扰的动态响应，构建一个目标层—过程层—实施层三个层面，投入产出优化—多元协同调控—适应性平衡治理三个方向，末端治理—过程治理—预警治理三种具体表达的调控与管制框架。旅游干扰下社区生态储存平衡演化适应性治理模型，见图 9 - 2。

9.3 基于适应性治理的旅游地社区生态储存平衡管理

旅游地社区生态储存可持续平衡演化，需要根据旅游干扰下的响应状态进行适应性调控与管理、需要协调社区内部不同利益主体间的关系、需要保障多元主体间的协同互动、需要预警管理社区内主体的响应行为。因此，本书构建旅游干扰下社区生态储存平衡演化的适应性治理模型，以期可以提出一些行之有效的措施。

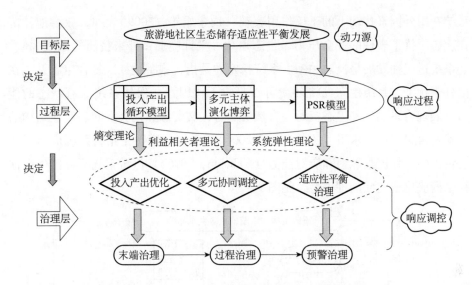

图9-2 旅游干扰下社区生态储存平衡演化适应性治理模型

资料来源：笔者根据旅游干扰下社区生态储存平衡演化适应性治理思路绘制而得。

9.3.1 旅游干扰下社区生态储存平衡演化适应性治理模型

旅游干扰下社区生态储存平衡发展适应性治理是指，立足于旅游地社区自然资源与人文资源的供求、开发与管理现状，对当前的社区生态功能、经济功能及社会功能进行定位，旨在促进社区内外生态子系统、经济子系统、社会子系统各要素间与旅游活动要素在功能及结构上实现相对平衡，以保持社区生态储存的稳定状态，确保社区内行为主体可以进行风险干扰响应，促进社区生态储存平衡、有序、健康发展。其中，旅游地社区生态储存是适应主体，旅游地社区复合生态系统是适应对象；适应性行为是指，对适应对象实施末端管理、过程管理和预警管理；通过适应性行为管理，达成适应性构成要素间在互动关系下的社区生态储存平衡演化，具体表现为旅游地社区生态储存及社区复合生态系统在脆弱性—稳定性—响应性等因素交互作用下，不断地进行双向调整及适应性循环发展的过程。脆弱性—稳定性—响应性三维要素，反映了适应性循环理论中"压力扰动—静态格局—动态发展"的演变路径，是系统内外要素间互动及循环代谢的结果，可以依此对系统内部要素进行优化配置与统筹利用。系统脆弱性是指，系统在特定时空尺度下对外部干扰响应表现出的敏感反应及恢复状态（李博等，2019）；旅游地社区复合生态系统脆弱性是指，社区系统在内外因素扰动下的正反作用表现（周永娟等，2009）。如，旅游地社区在旅游干扰下表现的社会压力、生态退化、生计脆弱、外来挤压等系统风险，与系统适应性发展呈反向关系。系统稳定性是指，旅游地社区复合生态系统在内外干扰下，系统生态经济环境可以吸收干扰因素并保持系统原有状态的能力，表现为系统各种生态资源、自然资源、人文资源和社会空间、产业结构的现状及自组织适应水平（方修琦等，2007）。系统响应性是指，系统应对干扰表现出的一种调整能力和应对能力（Gallopín，2006）。旅游干扰下社区生态储存平衡演化适应性治理模型，见图9-3。

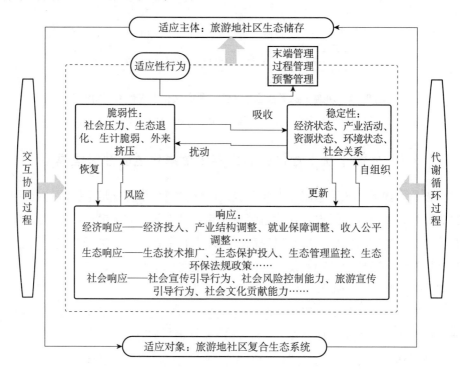

图9-3　旅游干扰下社区生态储存平衡演化适应性治理模型

资料来源：笔者根据旅游干扰下社区生态储存平衡演化适应性治理思路绘制而得。

9.3.2　社区生态系统适应性行为的末端管理

9.3.2.1　旅游地社区环境审计

旅游地社区环境审计（environment auditing）是指，在社区生态系统循环发展的实践中，对旅游地社区发展过程中因旅游干扰而出现的环境问题，采用监督、评估和有效管理的新型管理模式（谢芳和张艳玲，2009）。环境审计是人们环境保护意识提高、环境管理法制化的产物，能有效地解决对"外部不经济"认识不足的问题（耿庆汇，2005）。

社区旅游生态资源的主要开发者是旅游企业经营者，其担负着社区自然生态资源的保护责任，但基于"经济人"假设，他们具有逐利的特征，在旅游开发过程中，旅游企业经营者为获得更多利润，往往会出现委托代理风险，导致社区内资源过度使用和环境退化。旅游地社区环境审计的目的是，反映社区旅游开发活动与社区生态环境的适应水平，为社区行政管理部门提供一个有效的评估旅游干扰社区生态系统服务价值的方式。旅游地社区行政管理部门及旅游企业经营者通过组织开展对社区旅游开发的内部环境审计和外部环境审计，对社区内生态环境管理进行有效的检测和监督，是加强对社区生态环境系统治理的有效手段。

（1）建立旅游地社区环境审计制度，考虑如何更好地处理社区复合生态系统内人与自然资源/人文资源的关系，以人为中心，以突出社区复合生态系统的可持续发展及旅游体验的高质量为原则，设计环境审计制度。对社区内不同行为主体（政府、社区居民、旅游企业及游客）生态保护行为的检测与监督，特别强调对社区经济行为及社会行为的环境损益分析等进行审计。

（2）建立多元化环境审计体系，政府实施环境审计，政府对旅游经营者旅游经营项目的建设过程（筹资、投资、规划、建设、运行）及建设结果（经济效益、社会效益及生态效益）进行监督和检测；旅游经营者实施内部环境审计，旅游经营者是社区旅游开发的直接组织者和参与者，旅游经营者的决策、态度、投资规划方向直接对社区生态环境产生影响，因此，旅游经营者内部对其经济活动和经济行为进行审计；社会组织实施环境审计，对社区居民或小型旅游企业的旅游经营活动，可以委托社会组织开展审计，提高资金利用效率。

（3）提高环境审计人员素质。政府与企业对环境审计人员进行定期培训，高校应适应现实需求开设环境审计专业，培养专业化的环境审计人员。

9.3.2.2 社区生态系统容量管控

社区生态系统容量是指，一定时期内，社区生态环境系统在某种条件下所能承载的生产空间、生活空间和生态活动空间的阈值。旅游干扰下社区生态储存平衡的条件是，乡村社区旅游业发展的过程中，在社区生态系统服务功能保持自我调节与可持续发展的前提下，使社区行为主体和游客都能获得满意而舒适的感知。社区生态系统能承载的阈值是指，社区生态系统服务功能保持不变的能够承载的最大旅游干扰水平，即超出该水平会导致社区生态系统退化、破坏或崩溃。目前，社区生态系统容量管控所面临的问题是，旅游干扰的机械系统和结构性引起的生态系统超载问题，而有效的管理途径主要有以下三点。

（1）社区旅游活动总量控制及社区生态环境扩容。一方面，旅游活动无序涌入社区，会破坏社区复合生态系统的服务功能，造成环境破坏、社区人流和交通拥挤、经济结构的"荷兰病问题"等，社区采取的适应性行为，有对旅游活动生产量、游客数量及产业依赖度的控制与管理；另一方面，通过社区居民生计策略的多样化、经济收入、教育及环境保护意识的提升，更倾向于社区生态旅游资源的保护性开发，生态环境保护等，从而提升社区生态环境对旅游活动的承载力。

（2）差别化定价策略。采取不同季节的差别化定价及优惠策略，能够有效削减旅游活动干扰给社区带来的季节性饱和超载问题。

（3）社区生产空间的分流管制。根据旅游地社区的不同生产功能分区分流管理旅游活动、游客分布等，特别是针对社区内环境敏感地带，采取严格的旅游开发控制；对于某一时段内游客量、旅游开发量过大的区域，加强对其预警监控与定期疏导等。

9.3.3 社区生态系统适应性行为的过程管理

9.3.3.1 明确政府的统筹地位

在旅游干扰下社区系统适应性行为的过程管理中，构建一个政府统筹、全社会多元主体参与的治理体系。在社区旅游开发过程中，政府整体统筹，协调好旅游开发过程中政府与社区居民、企业间的关系，企业与游客、社区、社区居民间的关系，游客与社区居民间的关系。政府作为旅游市场的监督管理者，调控各方利益，强化社区各类旅游资源要素的整合与优化配置。

在过程管理中，打造"服务型"政府，市场、政府及企业各负其责，为多元利益主体参与旅游业营造和谐、稳定、健康的环境，促进多元利益主体自组织效应的发挥。

9.3.3.2 全民参与、主客互动的共建共享

以"旅游+""+旅游"为路径，融合社区内各类产业及社会资源，打造社区的"旅游化"发展，以全面动员、全民参与、主客共享的方式，打造"全域化"旅游环境和旅游产业生产空间、生活空间及生态空间；以城乡一体化为原则，构建并完善社区旅游公共服务体系，最终形成当地社区居民、游客、社区及政府、相关企业及社会组织和谐共享的自然生态环境与人文环境，推动旅游业与社区生态系统和谐发展，并实现旅游开发的成本共担和利益共享。因此，社区生态系统适应性过程管理，必须秉承在政府统筹下，以市场为主体的全民参与、主客共享的治理体系。

9.3.3.3 平衡旅游地社区主体的利益博弈

在旅游干扰下社区生态平衡演化的利益博弈中，政府位于统筹者的地位，协调各方利益主体间的关系，实现利益主体对旅游地社区生态系统的共同治理。各方利益主体在分享旅游开发效益及社区生态服务价值的同时，自觉承担责任，促进社区旅游业与各类产业的融合发展、促进社区各类资源共享与共建；政府担负监督与调控收益分配的责任，保护社区弱势群体，保护健康良好的旅游市场和社区生态生活环境，落实利益主体间的平衡与监督制衡机制。

9.3.4 社区生态系统适应性行为预警管理

9.3.4.1 构建旅游地社区生态环境监测及灾害预警防控体系

（1）旅游地社区生态环境监测主要包括两个方面，对旅游地社区生态环境要素进行监测，如对社区空气、土地、水质等生态环境要素的监测以及各种自然灾害的预警监控；对旅游地社区复合生态系统要素的监测，如对物种多样性、社区经济发展态势、产业结构态势、社会关系等要素进行监测。

（2）构建旅游地社区大数据生态系统环境监测与治理框架。包括对社区生态系统的大数据库进行监测，对社区生态系统环境进行监测，并对数据分析和数据处理进行环境预警及环境治理，再将环境治理结构反馈到各个数据监测系统及云数据库，旅游地社区环境监测与治理框架，见图9-4。首先，制定

健全的生态环境大数据云平台，推动各部门对生态环境监测数据的资源共享；其次，加强对环境监控数据处理技术的培训，完善舆论监测；最后，制定对环境预警的治理方案，并精准实施。

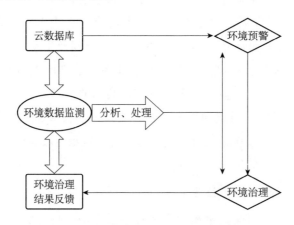

图 9 - 4　旅游地社区环境监测与治理框架

资料来源：笔者根据周梓铭. 大数据在我国生态环境监测与评价中的应用研究［J］. 乡村科技，2018（22）：124－125；田琼. 大数据技术在环境监测中的应用［J］. 环境与发展，2019，31（3）：115－116；杨涛. 大数据背景下环境监测数据共享机制研究——以智慧环保系统为例证［J］. 改革与开放，2019（3）：40－42整理绘制而得。

9.3.4.2　旅游地社区复合生态系统预警危机管理

在旅游干扰下，社区内生态子系统、经济子系统和社会子系统的复杂程度不断提高，伴随着社区内外各种干扰压力的增大，社区内部将会出现各种突发危机事件。例如，旅游干扰压力超过社区生态承载力将会引发自然灾害，导致社区生态环境、经济社会环境遭到破坏，旅游资源损失，旅游经营停顿、社区居民的生计资本破坏等；当旅游干扰可能给社区社会—生态系统带来突发性公共卫生事件及重大安全事故时，就会影响社区居民、游客的身心健康、旅游体验、财产安全及社区旅游地的形象等。针对灾害和危机事件，社区行政管理部门及旅游经营者采取何种应对措施进行有效防范和补救，对社区的经济、社会稳定发展，维持社区生态环境良好有着重要意义。因此，旅游地社区生态储存适应性平衡发展，需要构建一个完善的危机事件预警管理方案，从发现危机—预警报告—施救处理—责任追究四个环节，制定完善的制度及行动方案。

（1）设立并完善旅游地社区危机事件的管理机构，各部门应该具有决策的独立性且权责明确；加大专业化、高效率旅游应急管理人才的引进与培养。

（2）构建社区应急事件信息发布平台，基于大数据云平台建设，实现信息的各部门共享、信息传递和信息反馈。

（3）健全社区旅游危机事件的应急管理协调机制。

（4）完善社区旅游危机事件的应急管理体系，构建旅游地社区危机事件的预案系统、指挥系统及风险评估系统。

（5）加强对旅游地社区事前、事中及事后的监测及预警管理。

9.4　本章小结

旅游干扰下社区生态储存平衡演化的适应性治理，是对旅游地社区复合生态系统进行主动的、全方位的维护与管理，通过投入产出优化、多元主体协同演化、生态系统预警等，从动力源、响应过程及响应调控三方面构建整体框架。在旅游干扰下社区生态储存平衡演化被视为旅游活动与社区复合生态系统耦合关系的结果，基于熵变理论分析旅游活动与社区系统投入产出优化，基于利益相关者理论分析多元主体协同演化，基于系统弹性理论和 PSR 模型分析社区生态储存对旅游干扰的动态响应，构建目标层—过程层—实施层三个层面、投入产出优化—多元协同调控—适应性平衡治理三个方向、末端治理—过程治理—预警治理三种具体表达的调控与管制框架。

旅游干扰下社区生态储存平衡发展适应性治理是指，立足于旅游地社区自然资源环境、人文资源环境的供求、开发与管理现状，对当前的社区生态、经济、社会功能进行定位，旨在促进社区系统内生态子系统、经济子系统、社会子系统各要素间与旅游干扰在功能及结构上实现相对平衡，社区生态储存有序、健康发展。

旅游干扰下社区生态储存适应性行为治理包括三个阶段：末端治理、过程治理及预警治理。末端治理主要针对社区旅游产业投入与社区生态系统服务产出状态的治理与调控，主要采取旅游地社区环境审计及社区生态系统容量管控两大措施；过程治理主要针对旅游干扰下社区生态储存平衡演化过程中多方利益主体博弈行为的监管与控制，基于多中心治理理论，采取政府统筹下社区全方位利益主体共同参与、主客互动的治理体系，共同推动高质量旅游业与社区生态系统和谐发展，并真正实现旅游开发的成本共担和利益共享；预警治理主要针对社区生态储存及社区居民对旅游干扰感知效应下的动态响应行为进行治理，主要包括旅游地社区生态环境监测、灾害预警防控体系的构建以及旅游地社区复合生态系统预警危机管理。

第 10 章　结论与探讨

社区生态储存对旅游干扰的响应与平衡发展问题是一个非常复杂的课题，本书从理论及实证两方面进行一系列探索性研究，得出一些结论但仍有许多问题需要继续研究。

10.1　研究结论

旅游地社区的发展，依赖于社区复合生态系统的良性健康演化，乡村社区旅游活动给社区带来了巨大的经济社会效益，同时，也导致社区生态系统脆弱性增加。旅游干扰给社区生态资源环境、社区经济产业结构及社区居民生计福祉带来不同程度的破坏，进而导致旅游地社区生态储存的不定性流动，原有的生态储存平衡被打破。因此，有必要对旅游干扰下社区生态储存的响应机理、社区生态储存平衡演化的机制和治理路径进行研究，对指导旅游业开发及乡村社区和谐幸福建设具有一定的理论意义和实践价值。

10.1.1　旅游干扰效应的辩证性识别

旅游与社区的结合，并不是一种简单的旅游形式或旅游产品，而是强调社区建设与旅游开发的结合，以实现旅游目的地社区经济效益、社会效益、环境效益的协调统一和最优化。旅游干扰的作用机理是一把"双刃剑"，一方面，旅游开发会对社区生态系统造成破坏等不良影响；另一方面，旅游开发又会促进社区经济发展、生态文化的自觉性，促进系统结构优化和良性发展，合理利用干扰要素的有利方面，能够促进社区生态系统保持良性功能和结构演变。

10.1.2　社区生态储存的表现形式

旅游地社区是一种社会—生态复合系统，旅游是系统生态服务价值变化的主要动力，也是社区生态储存变动的主要干扰因素。研究旅游对社区生态储存的互动影响，反映了人文地理学中的典型人地关系视角。旅游干扰下社区生态储存表现为三种可能的情景：内生型、外生型和退化型，并且，根据社区社会—生态系统脆弱性、响应能力及恢复力发展态势，分析三种情景描述的演化轨迹，只有不断降低脆弱性、提高响应能力和恢复力的生态储存状态，才是一种理想的可持续发展模式。

10.1.3　社区生态储存对旅游干扰的动态响应

10.1.3.1　旅游干扰对社区居民生计状态的影响

旅游开发有助于实现"一方水土养一方人"，提高了社区居民依赖于熟悉的社区资源获取收益的水平。旅游开发促进社区居民采取多样化生计方式，同时，对生态系统脆弱性认识的增强及对其依赖性的提高，使社区居民在应对外界环境变化时更为积极主动，增强对生态系统的响应力和适应力，实现社区生态保护与脱贫致富的双重目标，有利于社区生态储存的可持续平衡发展。旅游干扰作用机制探索中强调政府支持旅游、社区参与、旅游正向感知及社区地方特征的作用，增强政府与社区居民在旅游开发过程中的良性互动，推动社区积极参与旅游活动，提升社区居民对旅游干扰的正向感知，进而实现旅游开发。

10.1.3.2　旅游干扰下社区生态储存动态响应

首先，从社区居民角度分析对旅游干扰的响应行为，主要从社会、经济和生态三个方面对旅游干扰进行响应认知评价，旅游开发提高了社区居民对生态环境、生态资源对其生计发展重要性的认识，社区居民有意识地加强对生态环境、生态资源及文化资源的保护。社区居民采取增强自组织能力和学习能力以及多样化的生计方式等措施来提高自身收益水平。

其次，从政府角度分析对旅游干扰的响应行为，旅游干扰下，各地区居民对地方政府的生态响应行为的感知效应最大，而对地方政府的经济响应行为的感知效应较低。政府的社区景观维护行为、控制商业化行为、加强绿色技术推广行为、增加生态资源保护投入行为、生态资源管理行为、生态环境治理行为，都得到了社区居民的赞成和认可，但在乡村景观商业化治理和乡村整体生态环境治理方面，仍需进一步加强。社区居民对政府的社会响应行为的认同度较高，社区居民认为政府在旅游社会效益宣传方面做得最好，可以促使社区居民更好地参与旅游业的发展经营。

最后，基于时间序列数据，对政府和社区居民的响应行为进行综合评价，反映社区生态储存的动态响应变化。

10.1.4　旅游干扰下社区生态储存平衡机制

本书提出社区生态储存平衡是一种社区复合生态系统内部要素及系统服务功能协同演化下的耦合稳定状态，并指出社区生态储存平衡具有动态易变性及相对平衡性的特征。乡村社区复合生态系统能够为旅游开发及社区生产空间、生活空间的可持续平衡运行提供充足的资金、产品、公共服务等信息、能量及物质输入下的服务支持响应保障，提高社区生态系统的环境适应性能力及经济社会系统的适应性可持续发展能力，有效增强社区生态储存可持续平衡演化能力。本书基于乡村社区复合生态系统对旅游干扰的响应行为，从市场和政府两方面提出社区生态储存平衡机制，主要包括三种类型：市场竞争下的社区生态储存"压力—状态—演化"的驱动平衡机制和自上而下的政府行为管制关系下社区生态储存"目标—政策—响应"的内在适应性平衡响应机制及"市场＋政府"在拮抗作用下的社区生态储存演化平衡机制。

10.1.5　旅游干扰下社区生态储存平衡演化的多中心治理

旅游地社区生态储存平衡的博弈演化分析，博弈参与方都根据自身利益最大化选择策略。政府采用监督策略，并加大对旅游经营者及游客的奖励措施和惩罚措施以调整其行为策略，保障各方利益均衡；旅游经营者在遵循政府政策制定的基础上，为了获得更多收益，在维护生态环境的基础上积极开发多样化的旅游产品，保证诚信经营以满足游客需求；游客为了获得更高服务价值，支持政府的政策措施，自觉地参与社区生态环境保护、社区旅游宣传，从而增加自身在社区旅游活动中的体验价值。三方选择对自身利益最优的策略，不断使演化博弈达到均衡状态，社区复合生态系统服务价值呈现高水平，社区生态储存实现高层次平衡发展。

为了保障社区生态储存平衡演进，需要构建多元协同调控模式，有效治理各利益相关者在参与旅游开发中互相影响的响应行为。本书基于利益相关者理论、社会网络理论及社会交换理论，以社区利益表达方式、获取方式、分享方式及确权方式，构建多元化利益协同调控模型：及时高效的利益沟通模式、优势互补的利益参与模式、责权对等的利益分配模式及合理完善的利益保障模式，以此对社区核心利益相关者进行利益诉求的多元整合并满足其利益诉求，实现旅游地社区的多元化治理。

10.1.6　旅游干扰下社区生态储存平衡演化适应性治理

旅游干扰下社区生态储存平衡演化适应性治理是对旅游地社区复合生态系统进行主动的、全方位的维护与管理，通过投入产出优化、多元化协同、生态系统预警等手段，从动力源、响应过程及响应调控三方面构建旅游干扰下社区生态储存平衡演化的整体管控框架。为保障社区生态储存可持续平衡演化，主要采取末端管理优化社区复合生态系统的投入产出、采取过程管理协调社区复合生态系统内部多元利益主体的关系、采取预警管理保障社区复合生态系统内行为主体的"正向"响应行为。

10.2　主要创新点

适应性循环理论是研究系统可持续发展的重要理论，本书从旅游干扰角度切入，分析旅游地社区在内外干扰下的运行状态及演变趋势，主要有以下三个创新点。

10.2.1　研究视角的微观性

本书辩证地识别旅游干扰的外部性，构建社区旅游干扰理论体系，基于旅游干扰分析社区生态储存的响应和平衡演化。尝试站在微观主体感知视角分析社区旅游干扰下的脆弱性与响应能力，主体行为与客体状态相结合，探究社区内子系统不同耦合稳定状态下的生态服务价值表现及功能结构。强调社区复合生态系统内行为主体对旅游干扰产生的环境变化与风险进行适应和学习，强调系统生态储存适应性平衡演化的政府与市场的双重推动作用。

10.2.2　研究思维的系统性

本书以旅游地社区为切入对象，基于系统性思维、整合性思维，将旅游地社区视为一个综合体，包括生态子系统、经济子系统和社会子系统。探讨各个子系统多要素间的互动关系，探讨系统中内外干扰作用下整体状态的演化过程，这一系统性研究方法为本书提供了新思路。

10.2.3　研究内容的现实性

旅游干扰主要表现为社区土地资源的重新配置，本书以旅游地社区"人地关系"为指向，重在分析人地关系变化对社区居民生态福祉及社区生态储存的影响。依据社会—生态系统恢复力理论、适应性循环理论为理论支撑，构建了社区生态储存响应与平衡发展的分析框架，运用实证分析，形成"概念性框架—实证分析—模拟演化—适应性治理"的研究链，为旅游地社区生态储存可持续平衡演化提出适应性治理对策，使内容体系具有一定现实性。

10.3　研究不足与研究展望

旅游地社区复合生态系统受到多种因素影响，其内部要素之间及与外部要素间能量流、物流、信息流等的流向及相互作用也非常复杂，本书的研究涉及经济学、旅游学、生态学、管理学、系统工程学等多学科以及多种技术手段，针对本书的主要研究内容提出了社区生态储存的概念，探讨旅游干扰对社区生态储存的影响及其响应，在此基础上，分析社区生态储存如何进行适应性平衡演化。然而，鉴于研究内容涉及跨学科研究，对该问题的研究观点和研究方法存在一些不足，还有一些问题在广度方面、深度方面需要进一步分析。

本书提出的社区生态储存概念及测算，是基于前期国内外学者的研究，在指标货币价值折算的基础上，通过社区复合生态系统的生态服务价值进行估算，存在一定局限性，社区生态储存的大小还应该考虑行为主体间相互作用下对社区生态系统服务价值的影响。

社区生态储存平衡演化的空间分异测算。本书在进行社区生态储存对旅游干扰响应及平衡演化实证分析时，没有选择不同尺度的调查对象，实证研究结果缺乏可比性。

旅游干扰下社区生态储存演变阈值的确定。基于旅游地社区系统的复杂性和分散性，社区内子系统各个要素指标仅反映一种维度的变化及趋势，但在内外干扰下，系统要素的变化不会总发生于同一个方向或同一时间维度，因此，在确定阈值时具有不确定性，在某种程度上很难实现，进一步研究中可以尝试对旅游地社区不同子系统要素变化进行性质和重要性的划分及排序，以更好地选择系统演化节点的重要影响因素。

旅游干扰下社区生态储存响应分析，主要对系统内行为主体的认知进行分析，而行为主体的认知判断具有主观性，影响主观认知的因素具有复杂性，在研究过程中尝试通过多维交互决策树分析法进行判断，但判断因子过多，在提取代表性认知类型指标时不显著，因而放弃了该方法。在今后的研究中，可以进一步对行为主体进行分类判断，通过不同类型的认知水平构建决策节点和分析指标。

参考文献

［1］［美］埃莉诺·奥斯特罗姆．公共事物的治理之道［M］．余逊达，陈旭东译．上海：上海三联书店，2000．

［2］安士伟，万三敏，李小建．城市脆弱性的评估与风险控制——以河南省为例［J］．经济地理，2017，37（5）：81-86．

［3］保继刚，孙九霞．社区参与旅游开发的中西差异［J］．地理学报，2006（10）：401-413．

［4］保继刚．区域旅游经济影响评价：模型应用与案例研究［M］．南京：南开大学出版社，2010．

［5］蔡萌，安德鲁·弗兰．全球旅游碳排放研究进展［J］．中国人口·资源与环境，2013，23（S2）：1-4．

［6］曾艳．国内外社区参与旅游开发模式比较研究［D］．厦门：厦门大学，2007．

［7］查建平，谭庭，钱醒豹．中国旅游业碳排放及其驱动因素分解［J］．系统工程，2018，36（5）：27-40．

［8］常丽博，骆耀峰，刘金龙．哈尼族社会—生态系统对气候变化的脆弱性评估——以云南省红河州哈尼族农村社区为例［J］．资源科学，2018（9）：1787-1799．

［9］陈枫，李泽红，董锁成．基于 VSD 模型的黄土高原丘陵沟壑区县域生态脆弱性评价——以甘肃省临洮县为例［J］．干旱区资源与环境，2018，32（11）：74-80．

［10］陈刚．发展人类学视野中的文化生态旅游开发——以云南泸沽湖为例［J］．广西民族研究，2009（3）：169－177.

［11］陈佳，杨新军，王子侨，等．旅游社会—生态系统脆弱性及影响机理——基于秦岭景区农户调查数据的分析［J］．旅游学刊，2015，30（3）：64－75.

［12］陈晓红，周宏浩，王秀．基于生态文明的县域环境—经济—社会耦合脆弱性与协调性研究——以黑龙江省齐齐哈尔市为例［J］．人文地理，2018，33（01）：94－101.

［13］陈娅玲．陕西秦岭地区旅游社会—生态系统脆弱性评价及适应性管理对策研究［D］．西安：西北大学，2013.

［14］陈永富．论森林旅游业对环境的影响及对策［J］．绿色中国，2003（3）：41－42.

［15］程钰，刘凯，徐成龙．山东半岛蓝色经济区人地系统可持续性评估及空间类型比较研究［J］．经济地理，2015，35（5）：118－125.

［16］池静，崔凤军．旅游地发展过程中的"公地悲剧"研究——以杭州梅家坞、龙坞茶村、山沟沟景区为例［J］．旅游学刊，2006（7）：17－23.

［17］崔晓明，陈佳，杨新军．旅游影响下的农户可持续生计研究——以秦巴山区安康市为例［J］．山地学报，2017，35（1）：85－94.

［18］崔晓明．可持续生计视角下秦巴山区旅游地社会生态系统脆弱性评价［J］．统计与信息论坛，2018，33（9）：44－50.

［19］代璐璐．基于农户调查的旅游地社会—生态系统脆弱性研究［D］．郑州：郑州大学，2017.

［20］翟延敏．县域城市人地系统脆弱性及可持续发展模式分析［D］．济南：山东师范大学，2017.

［21］东梅，王桂芬．双重差分法在生态移民收入效应评价中的应用——以宁夏为例［J］．农业技术经济，2010（8）：87－93.

［22］樊杰．"人地关系地域系统"是综合研究地理格局形成与演变规律的理论基石［J］．地理学报，2018，73（4）：597－607.

［23］范跃民，余一明，孙博文．旅游业收入增长对旅游业碳排放存在非

线性影响吗？——基于环境库兹涅茨曲线（EKC）的拓展分析［J］. 华南师范大学学报（社会科学版），2019，239（3）：134－140.

［24］方创琳. 区域人地系统的优化调控与可持续发展［J］. 地学前缘，2003（4）：311－317.

［25］方修琦，殷培红. 弹性，脆弱性和适应——IHDP 三个核心概念综述［J］. 地理科学进展，2007，26（5）：11－22.

［26］费孝通. 江村经济［M］. 北京：北京出版社，1986.

［27］冯伟杰. 变分李雅普诺夫方法和稳定性理论［D］. 济南：山东师范大学，2000.

［28］冯学钢，包浩生. 旅游活动对风景区地被植物—土壤环境影响的初步研究［J］. 自然资源学报，1999，14（1）：75－78.

［29］傅伯杰，周国逸，白永飞，等. 中国主要陆地生态系统服务功能与生态安全［J］. 地球科学进展，2009，24（6）：571－576.

［30］高大帅，明庆忠，李庆雷. 旅游产业生态化研究［J］. 资源开发与市场，2009，25（9）：848－850.

［31］高科. 美国国家公园的旅游开发及其环境影响（1915—1929）［J］. 世界历史，2018（4）：29－42.

［32］耿庆汇. 论旅游生态系统及其平衡与调控［J］. 中南林业调查规划，2005，24（3）：28－34.

［33］管东生，林卫强. 旅游干扰对白云山土壤和植被的影响［J］. 环境科学，1999（6）：6－9.

［34］郭安禧，郭英之，李海军. 社区居民旅游影响感知对支持旅游开发的影响——生活质量和社区依恋的作用［J］. 经济管理，2018（2）：162－175.

［35］哈斯巴根，李同昇. 生态地区人地系统脆弱性及其发展模式研究［J］. 经济地理，2013，37（4）：149－154.

［36］韩刚，袁家冬，李恪旭. 兰州市城市脆弱性研究［J］. 干旱区资源与环境，2016（11）：70－76.

［37］何昭丽，张振龙，孙慧. 中国旅游专业化与经济增长关系研究［J］. 新疆师范大学学报（哲学社会科学版），2018，39（154）：153－162.

［38］贺爱琳，杨新军，陈佳，等．旅游开发对农户生计的影响——以秦岭北麓旅游地为例［J］．经济地理，2014，34（12）：174－181．

［39］胡日东，林明裕．双重差分方法的研究动态及其在公共政策评估中的应用［J］．财经智库，2018，15（3）：86－113，145－146．

［40］胡昕．生态旅游对农户生计脆弱性影响评价——基于社会—生态耦合分析视角［J］．林业经济，2019（6）：77－82．

［41］黄秉维．论地球系统科学与可持续发展战略科学基础（I）［J］．地理学报，1996，51（4）：350－354．

［42］黄芳．传统社区居民旅游开发中社区居民参与问题思考［J］．旅游学刊，2002，17（5）：54－57．

［43］黄鹄，缪磊磊，王爱民．区域人地系统演进机制分析——以民勤盆地为例［J］．干旱区资源与环境，2004，18（1）：11－16．

［44］黄和平，乔学忠，张瑾．长江经济带旅游业碳排放时空演变分析［J］．贵州社会科学，2019，350（2）：145－154．

［45］黄慧玲．低碳经济视角下旅游环境 审计的风险与规避路径［J］．前沿，2016（3）：49－53．

［46］纪春礼，曾忠禄．旅游业对旅游目的地经济多元化发展的影响机理——"自我发现"理论的分析［J］．经济管理，2014（7）：120－128．

［47］贾慧，陈海，毛南赵，等．高度敏感生态脆弱区景观可持续性评价［J］．资源科学，2018，40（6）：1277－1286．

［48］贾铁飞，梅劲援，黄昊．大型节事旅游活动对植被环境影响研究——以上海桃花节、森林狂欢节为例［J］．旅游科学，2013，27（6）：64－72．

［49］孔祥丽，李丽娜，龚国勇，等．旅游干扰对明月山国家森林公园土壤的影响［J］．农业现代化研究，2008（3）：350－353．

［50］雷少刚，卞正富．西部干旱区煤炭开采环境影响研究［J］．生态学报，2014，34（11）：283－284．

［51］李博，史钊源，田闯，等．中国人海经济系统环境适应性演化及预警［J］．地理科学，2019，39（4）：533－540．

［52］李聪，康博纬，李萍，等．易地移民搬迁对农户生态系统服务依赖度的影响——来自陕南的证据［J］．中国人口·资源与环境，2017，27（11）：115-123.

［53］李凡，金梅，明庆忠．旅游扶贫背景下贫困乡村社区旅游参与能力评价体系构建及应用［J］．资源开发与市场，2018，34（7）：907-911.

［54］李凡，金梅，明庆忠．旅游扶贫背景下贫困乡村社区旅游参与能力评价体系构建及应用［J］．资源开发与市场，2018，34（251）：21-25.

［55］李海玲，马蓓蓓，薛东前．丝路经济带背景下我国西北地区城市脆弱性的空间分异与影响因素［J］．经济地理，2018（2）：66-73.

［56］李鹤，张平宇．全球变化背景下脆弱性研究进展与应用展望［J］．地理科学进展，2011，30（7）：920-929.

［57］李佳．基于旅游的社会—生态系统脆弱性研究——以三江源为例［J］．地下水，2012，34（2）：210-211.

［58］李洁，赵锐锋，谢作轮．甘肃省区域社会—生态系统脆弱性综合评价［J］．经济地理，2015，35（12）：170-177.

［59］李经龙，郑淑婧，周秉根．旅游对旅游目的地社会文化影响研究［J］．地域研究与开发，2003，22（6）：80-84.

［60］李其原．旅游外汇收入对经济增长影响的经验研究［J］．财经问题研究，2014（9）：119-123.

［61］李文杰，乌铁红．旅游干扰对草原旅游点植被的影响——以内蒙古希拉穆仁草原金马鞍旅游点为例［J］．资源科学，2012，34（10）：1980-1987.

［62］李萱，杨庆媛，毕国华．中国城乡福祉差距及其影响因素研究［J］．地域研究与开发 2021，40（2）：1-6.

［63］李燕．印度旅游业及对经济发展的影响［J］．南亚研究季刊，2013（4）：45-49.

［64］李屹峰，罗跃初，刘纲，等．土地利用变化对生态系统服务功能的影响：以密云水库流域为例［J］．生态学报，2013，33（3）：726-736.

［65］李永亮，岳明，杨永林．旅游干扰对喀纳斯自然保护区植物群落的

影响 [J]. 西北植物学报, 2010 (4): 0645-0651.

[66] 厉红梅. 海岸带人地系统可持续发展演化与综合调控研究 [J]. 海洋信息, 2006 (3): 16-19.

[67] 刘鸿雁, 张金海. 旅游干扰对香山黄栌林的影响研究 [J]. 植物生态学报, 1997, 21 (2): 191-196.

[68] 刘凯, 任建兰, 程钰. 黄河三角洲地区社会脆弱性评价与影响因素 [J]. 经济地理, 2016, 36 (7): 45-52.

[69] 刘凯. 生态脆弱型人地系统演变与可持续发展模式选择研究 [D]. 济南: 山东师范大学, 2017.

[70] 刘丽梅, 吕君. 典型草原地区旅游开发对植被的环境影响 [J]. 资源科学, 2009, 31 (3): 442-449.

[71] 刘丽梅, 吕君. 中国社区参与旅游开发研究述评 [J]. 地理科学进展, 2010, 29 (8): 1018-1024.

[72] 刘涛, 徐福英. 乡村社区参与旅游中的利益矛盾及协调对策 [J]. 社会科学家, 2010 (5): 93-96.

[73] 刘旺, 蒋敬. 旅游开发对民族社区社会文化影响的乡土视野研究框架 [J]. 经济地理, 2011, 31 (6): 1025-1030.

[74] 刘晓煜. 旅游业对宏观经济的影响研究 [J]. 统计与决策, 2014 (21): 108-110.

[75] 刘兆德, 陈素青. 经济高速发展地区人地系统可持续性评价研究 [J]. 农业系统科学与综合研究, 2004 (4): 261-264.

[76] 刘赵平. 再论旅游对接待地的社会文化影响——野三坡旅游开发跟踪调查 [J]. 旅游学刊, 1998, 13 (1): 49-53.

[77] 卢天玲. 塔尔寺旅游者旅行模式及其对地方旅游经济的影响 [J]. 旅游学刊, 2008, 23 (12): 29-33.

[78] 卢亚灵, 颜磊, 许学工. 环渤海地区生态脆弱性评价及其空间自相关分析 [J]. 资源科学, 2010 (2): 103-108.

[79] 陆林, 任以胜, 徐雨晨. 旅游建构城市群"乡土-生态"空间的理论框架及研究展望 [J]. 地理学报, 2019, 74 (6): 1267-1278.

［80］吕君，吴必虎．国外社区参与旅游开发研究的层次演进与判读［J］．未来与发展，2010（6）：110-114.

［81］Martha G. Roberts，杨国安．可持续发展研究方法国际进展——脆弱性分析方法与可持续生计方法比较［J］．地理科学进展，2003（1）：11-21.

［82］马继，秦放鸣，谢霞．入境旅游碳排放与旅游经济增长脱钩关系研究［J］．新疆大学学报（哲学·人文社会科学版），2019，47（2）：21-28.

［83］马新宇．从人地关系看我国可持续发展战略［J］．中国环境管理，1999（6）：39-40.

［84］孟德斯鸠．论法的精神（上）［M］．北京：商务印书馆，1978：56-58.

［85］缪磊磊，王爱民．兰州市人地系统可持续发展研究［J］．中国人口·资源与环境，2000（S1）：79-80.

［86］宁静，殷浩栋，汪三贵．易地扶贫搬迁减少了贫困脆弱性吗？——基于8省16县易地扶贫搬迁准实验研究的PSM-DID分析［J］．中国人口·资源与环境，2018，28（11）：22-30.

［87］欧阳志云，王如松，赵景柱．生态系统服务功能及其生态经济价值评价［J］．应用生态报，1999，10（5）：635-640.

［88］彭建，王剑．中外社区参与旅游研究的脉络和进展［J］．中央民族大学学报（哲学社会科学版），2012（3）：135-143.

［89］乔家君．旅游社区可持续发展研究——基于空间生产理论三元辩证法视角的分析［J］．经济地理，2020，40（8）：153-164.

［90］任建兰，王亚平，程钰．从生态环境保护到生态文明建设：四十年的回顾与展望［J］．山东大学学报（哲学社会科学版），2018，34（6）：27-39.

［91］森普尔．地理环境之影响［M］．北京：商务印书馆，1937.

［92］史永亮，王如松，陈亮，等．基于景观格局优化的北京市域生态环境保育途径［J］．地域研究发，2007，26（2）：97-101.

［93］宋永永，米文宝，仲俊涛．宁夏限制开发生态区人地耦合系统脆弱性空间分异及影响因素［J］．干旱区资源与环境，2016，30（11）：85-91.

［94］孙晋坤，章锦河，汤国荣．旅游交通碳排放研究进展与启示［J］．中国人口资源与环境，2016（5）：73－82.

［95］孙九霞，保继刚．社区参与的旅游人类学研究——阳朔世外桃源案例［J］．广西民族学院学报（哲学社会科学版），2006（1）：88－96.

［96］孙九霞，刘相军．生计方式变迁对民族旅游村寨自然环境的影响——以雨崩村为例［J］．广西民族大学学报（哲学社会科学版），2015（3）：78－85.

［97］孙琼．历史文化街区社区居民对旅游开发经济影响的感知研究——以南锣鼓巷为例［J］．社会科学家，2016（7）：81－85.

［98］谭华云，许春晓，董雪旺．旅游业碳排放效率地区差异分解与影响因素探究［J］．统计与决策，2018（16）：51－55.

［99］谭淑豪，谭文列婧，励汀郁，等．气候变化压力下牧民的社会脆弱性分析——基于内蒙古锡林郭勒盟4个牧业旗的调查［J］．中国农村经济，2016（7）：67－80.

［100］谭周进，戴素明，谢桂先．旅游踩踏对土壤微生物量碳、氮、磷的影响［J］．环境科学学报，2006，26（11）：1921－1926.

［101］汤姿．旅游业碳排放测算及其与经济增长的脱钩分析［J］．统计与决策，2015（2）：117－120.

［102］田琼．大数据技术在环境监测中的应用［J］．环境与发展，2019，31（3）：115－116.

［103］田亚平，向清成，王鹏．区域人地耦合系统脆弱性及其评价指标体系［J］．地理研究，2013（1）：56－64.

［104］汪德根，王金莲，陈田，等．乡村社区居民旅游支持度影响模型及机理：基于不同生命周期阶段的苏州旅游［J］．地理学报，2011，66（10）：1413－1426.

［105］王国敏，张宁，杨永清．贫困脆弱性解构与精准脱贫制度重构——基于西部农村地区［J］．社会科学研究，2017（5）：67－76.

［106］王国平．中国农村环境保护社区机制研究［D］．长沙：湖南农业大学，2010.

［107］王俊，杨新军，刘文兆．半干旱区社会—生态系统干旱恢复力的定量化研究［J］．地理科学进展，2010，29（11）：1385－1390.

［108］王凯，李娟，席建超．中国旅游经济增长与碳排放的耦合关系研究［J］．旅游学刊，2014，29（6）：24－33.

［109］王凯，邵海琴，周婷婷．中国旅游业碳排放效率及其空间关联特征［J］．长江流域资源与环境，2018，27（3）：473－482.

［110］王凯，杨亚萍，张淑文．中国旅游产业集聚与碳排放空间关联性［J］．资源科学，2019，41（2）：362－371.

［111］王祺，蒙吉军，毛熙彦．基于邻域相关的漓江流域土地利用多情景模拟与景观格局变化［J］．地理研究，2014，33（6）：1073－1084.

［112］王群，银马华，杨兴柱．大别山贫困区旅游地社会—生态系统脆弱性时空演变与影响机理［J］．地理学报，2019，74（8）：1663－1679.

［113］王如松，欧阳志云．社会—经济—自然复合生态系统与可持续发展［J］．中国科学院院刊，2012，27（3）：337－345，403，404，254.

［114］王帅，盛晓磊，张雷．川东低山丘陵区农业旅游活动对土壤微生物群落结构的影响［J］．土壤通报，2017（1）：107－115.

［115］王咏，陆林．基于社会交换理论的社区旅游支持度模型及应用：以黄山风景区门户社区为例［J］．地理学报，2014，69（10）：1557－1574.

［116］温晓金，杨新军，王子侨．多适应目标下的山地城市社会—生态系统脆弱性评价［J］．地理研究，2016，35（2）：299－312.

［117］温琰茂，柯雄侃，王峰．广东沿海经济高速发展区人地系统可持续发展研究［J］．地理科学，1998（2）：27－33.

［118］翁钢民，李凌雁．旅游社会责任利益相关者的三群体演化博弈分析［J］．生态经济，2017，33（4）：133－138.

［119］吴甘霖，黄敏毅，段仁燕．不同强度旅游干扰对黄山松群落物种多样性的影响［J］．生态学报，2006，26（12）：3924－3930.

［120］吴官胜，霍玉侠，仝纪龙，等．干旱区绿洲旅游开发的环境影响及减缓措施研究——以阳关文化旅游景区为例［J］．干旱区资源与环境，2011，25（3）：188－193.

［121］吴琦．丽水市社区参与旅游扶贫模式研究［D］．南昌：江西财经大学，2016.

［122］伍琴琴．旅游对目的地社会文化影响研究综述［J］．现代商贸工业，2009（11）：69－70.

［123］伍艳．贫困山区农户生计资本对生计策略的影响研究——基于四川省平武县和南江县的调查数据［J］．农业经济问题，2016，37（3）：88－94，112.

［124］武国柱，席建超，刘浩龙．六盘山自然保护区不同类型植被对人类旅游干扰的响应［J］．资源科学，2008，30（8）：1169－1175.

［125］席建超，武国柱，甘萌雨．六盘山生态旅游区典型植被对人类旅游践踏干扰的敏感性研究［J］．资源科学，2009，31（8）：1447－1453.

［126］夏天添，邹波．农村社区居民旅游影响感知与旅游产业支持的倒U形关系研究［J］．哈尔滨商业大学学报（社会科学版），2019（4）：115－130.

［127］肖玉，谢高地，鲁春霞，等．基于供需关系的生态系统服务空间流动研究进展［J］．生态学报，2016，36（10）：3096－3102.

［128］谢波，陈仲常．旅游业对制造业集聚及经济增长的影响［J］．重庆大学学报（社会科学版），2015，21（2）：17－23.

［129］谢方，徐志文．乡村复合生态系统良性循环机制与管理方法探讨［J］．中南林业科技大学学报（社会科学版），2017，11（1）：47－51.

［130］谢芳，张艳玲．环境审计：旅游循环经济的管理工具［J］．环境保护，2009（12）：69－71.

［131］谢露露，王雨佳．旅游产业集聚对经济增长的空间溢出效应——来自长三角地区的经验研究［J］．上海经济，2018，283（4）：19－34.

［132］谢婷，钟林生，陈田．旅游对目的地社会文化影响的研究进展［J］．地理科学进展，2006（5）：122－132.

［133］徐崇云，顾铮．旅游对社会文化影响初探［J］．杭州大学学报（哲学社会科学版），1984（3）：58－63.

［134］徐福英，马波，刘涛．海岛旅游可持续发展系统的构建与运行——基于人地关系协调的视角［J］．社会科学家，2014（7）：82－88.

［135］徐海鑫，项志杰．旅游对民族杂居地区经济发展与民族交往交流交融的影响研究——以四川省阿坝藏族羌族自治州为例［J］．青海社会科学，2018，231（3）：48－52．

［136］徐君，李贵芳．资源型城市脆弱性的 AHV 模型及演化耦合作用分析［J］．资源开发与市场，2017（8）：899－904．

［137］许启发，王侠英，蒋翠侠．城乡社区居民贫困脆弱性综合评价：来自安徽省的经验证据［J］．经济问题，2017（8）：1－6．

［138］杨丽花，佟连军．吉林省松花江流域经济发展与水环境质量的动态耦合及空间格局［J］．应用生态学报，2013，24（2）：503－510．

［139］杨亮．遗产型旅游地社会—生态系统脆弱性研究——基于林寨古村农户调研分析［J］．惠州学院学报，2016，36（2）：86－90．

［140］杨涛．大数据背景下环境监测数据共享机制研究——以智慧环保系统为例证［J］．改革与开放，2019（3）：40－42．

［141］姚治国，陈田．基于碳足迹模型的旅游碳排放实证研究——以海南省为案例［J］．经济管理，2016（2）：151－159．

［142］衣传华．"锦上添花"还是"雪中送炭"：旅游开发对经济增长的影响［J］．华东经济管理，2017（12）：110－115．

［143］余中元，李波，张新时．湖泊流域社会生态系统脆弱性时空演变及调控研究——以滇池为例［J］．人文地理，2015（2）：110－116．

［144］余中元，李波，张新时．社会生态系统及脆弱性驱动机制分析［J］．生态学报，2014，34（7）：1870－1879．

［145］张爱儒，李子美．西藏旅游业发展对经济增长影响研究［J］．西藏大学学报，2017（4）：131－136．

［146］张爱儒．青海省旅游业发展对区域经济增长的影响［J］．统计与决策，2009（15）：97－98．

［147］张超正，陈丹玲，杨钢桥，等．生计资本对农户生态系统服务依赖度的影响［J］．西南大学学报（自然科学版）2021，43（1）：142－152．

［148］张广海，刘菁．中国省域旅游碳排放强度时空演变分析［J］．统计与决策，2016（15）：94－98．

［149］张桂萍，张峰，茹文明．旅游干扰对历山亚高山草甸优势种群种间相关性的影响［J］．生态学报，2005（11）：76－82．

［150］张慧强．河南省栾川县美丽乡村的建设研究［D］．广州：广东海洋大学，2019．

［151］张利田，呼丽娟．区域人地系统调控与区域可持续发展［J］．北京大学学报（哲学社会科学版），1998（3）：97－101．

［152］张梅，罗怀良，陈林．资源型城市脆弱性评价——以攀枝花市为例［J］．长江流域资源与环境，2018，27（5）：235－243．

［153］张卫．淮河流域人地系统协调性分析——基于可持续发展战略的思考［D］．北京：北京大学，2000．

［154］张娅莉．旅游人类学视野下社区参与旅游扶贫实证研究［D］．成都：四川师范大学，2013．

［155］赵磊，方成，毛聪玲．旅游业与贫困减缓——来自中国的经验证据［J］．旅游学刊，2018（5）：13－25．

［156］赵黎明，陈喆芝，刘嘉玥．碳经济下地方政府和旅游企业的演化博弈［J］．旅游学刊，2015，30（1）：72－82

［157］赵美风，席建超．旅游者排污行为与旅游区水环境干扰模式研究——以六盘山生态旅游区为例［J］．资源科学，2012，34（12）：2418－2426．

［158］赵文娟，杨世龙，王潇．基于 Logistic 回归模型的生计资本与生计策略研究——以云南新平县干热河谷傣族地区为例［J］．资源科学，2016，38（1）：136－143．

［159］赵文武，房学宁．景观可持续性与景观可持续性科学［J］．生态学报，2014，34（10）：2453－2459．

［160］赵雪雁．地理学视角的可持续生计研究：现状、问题与领域［J］．地理研究，2017，36（10）：1859－1872．

［161］赵雅萍，吴丰林．旅游业影响下的区域经济差异协调机制与基本路径——以西部地区为例［J］．经济问题，2013（9）：6－12，107．

［162］郑群明，钟林生．参与式旅游开发模式探讨［J］．旅游学刊，

2004，19（4）：33－37.

［163］周娉．旅游开发对民族地区社会经济文化效应的影响［J］．贵州民族研究，2015（11）：162－165.

［164］周文丽．基于收敛假说的旅游业发展对经济增长收敛性的影响研究——以甘肃省为例［J］．兰州大学学报（社会科学版），2015（6）：109－115.

［165］周文丽．基于投入产出模型的旅游消费对经济增长的动态影响研究［J］．地域研究与开发，2011，30（3）：79－83.

［166］周文丽．旅游对我国区域经济增长及其敛散性的影响——基于1997—2010年省际面板数据的实证分析［J］．旅游科学，2012，26（5）：54－64.

［167］周永娟，王效科，等．生态系统脆弱性研究［J］．生态经济，2009，218（11）：165－189.

［168］周梓铭．大数据在我国生态环境监测与评价中的应用研究［J］．乡村科技，2018（22）：124－125.

［169］朱芳，白卓灵，陈耿．旅游活动对武当山风景区生态环境的影响［J］．林业资源管理，2015（3）：91－97.

［170］朱晓静．农村社会矛盾预防主体制度实证研究［J］．四川理工学院学报：社会科学版，2013，28（6）：13－16.

［171］朱晓翔，乔家君．旅游社区可持续发展研究——基于空间生产理论三元辩证法视角的分析［J］．经济地理，2020，40（8）：153－164.

［172］朱学灵，吴明作，冯建灿，等．宝天曼自然保护区水曲柳群落对旅游干扰的生态响应［J］．河南农业大学学报，2008，42（6）：625－631.

［173］Aas C.，Ladkin A.，Fletcher J. Stakeholder Collaboration and Heritage Management［J］．Annals of Tourism Research，2005，32（1）：28－48.

［174］Amin Sokhanvar，Serhan Çiftçioglu，Elyeh Javid. Another Look at Tourism-economic Development Nexus［J］．Tourism Management Perspectives，2018，26：97－106.

［175］Ammar Abdelkarim Alobiedat. Heritage Transformation and the Sociocultural Impact of Tourism in Umm Qais [J]. Journal of Tourism and Cultural Change, 2018, 16 (1): 22-40.

[176] Anderies, John M., Janssen, Marco A., et al. A Framework to Analyze the Robustness of Social-ecological Systems from an Institutional Perspective [J]. Ecology & Society, 2004, 9 (1): 186-202.

[177] Armenski T., Dwyer L., Pavluković V. Destination Competitiveness: Public and Private Sector Tourism Management in Serbia [J]. Journal of Travel Research, 2018, 57 (3): 384-398.

[178] B. L. Turner, Roger E. Kasperson, Pamela A. Matson, James J. McCarthy, Robert W. Corell, Lindsey Christensen, Noelle Eckley, Jeanne X. Kasperson, Amy Luers, Marybeth L. Martello, Colin Polsky, Alexander Pulsipher, Andrew Schiller. A Framework for Vulnerability Analysis in Sustainability Science [J]. Proceedings of the National Academy of Sciences of the United States of America, 2003, 100 (14): 8074-8079.

[179] Baggio R. Symptoms of Complexity in a Tourism System [J]. Tourism Analysis, 2008, 13 (1): 1-20.

[180] Bagstad K. J., Johnson G. W., Voigt B. and Villa F. Spatial Dynamics of Ecosystem Service Flows: a Comprehensive Approach to Quantifying Actual Services [J]. Ecosystem Services, 2013 (4): 117-125.

[181] Berkes F., Folke C. Linking Social and Ecological Systems: Management Practices and Social Mechanisms for Building Resilience [M]. Cambridge: Cambridge University Press, 1998: 11-12.

[182] Biggs D. Understanding Resilience in a Vulnerable Industry [J]. Ecology and Society, 2011, 16 (1): 1-2.

[183] Bixia Chen, Zhenmian Qiu, Nisikawa Usio, Koji Nakamura. Tourism's Impacts on Rural Livelihood in the Sustainability of an Aging Community in Japan [J]. Sustainability, 2018, 10 (8): 272-281.

[184] Brian Archer. Importance of Tourism for the Economy of Bermuda [J]. Annals of Tourism Research, 1995, 22 (4): 126-141.

[185] Briassoulis Helen. Methodological issues: Tourism Input-output Analysis [J]. Pergamon, 1991, 18 (3): 187 – 198.

[186] Butler C. D., Oluoch Kosura W. Linking Future Ecosystem Services and Future Human Well-being [J/OL]. Ecology and Society. http://www. ecologyandsociety.

[187] Butler C. D., Oluoch-Kosura W. Linking Future Ecosystem Services and Future Human Well-being [J]. Ecology and Society, 2006, 11 (1): 30 – 46.

[188] Cawley M., Gillmor D. A. Integrated Rural Tourism: Concepts and Practice [J]. Annals of Tourism Research, 2008, 35 (2): 316 – 337.

[189] Celeste Eusébio, Maria João Carneiro, Ana Caldeira. A Structural Equation Model of Tourism Activities, Social Interaction and the Impact of Tourism on Youth Tourists' QOL [J]. Int. J. of Tourism Policy, 2016, 6 (2): 703 – 714.

[190] Cevat Tosun. Limits to Community Participation in the Tourism Development Process in Developing Countries [J]. Tourism Management, 2000, 21 (6): 613 – 633.

[191] Cevat Tosun. Stages in the Emergence of a Participatory Tourism Development Approach in the Developing World [J]. Geoforum, 2004, 36 (3): 333 – 352.

[192] Christopher M. Teaf, Bulat K. Yessekin, Mikhail K. Khankhasayev. Risk Assessment as a Tool for Water Resources Decision-Making in Central Asia [M]. Springer, Dordrecht: 2004 – 01 – 01.

[193] Chrys Horn, David Simmons. Community Adaptation to Tourism: Comparisons between Rotorua and Kaikoura, New Zealand [J]. Tourism Management, 2002, 23 (2): 133 – 143.

[194] Colin Cannonier, Monica Galloway Burke. The Economic Growth Impact of Tourism in Small Island Developing States-Evidence from the Caribbean [J]. Tourism Economics, 2019, 25 (1): 85 – 108.

[195] Cornet C. Tourism Development and Resistance in China [J]. Annals of Tourism Research, 2015, 52 (3): 29 – 43.

［196］Costanza R. , D Arge R. , De Groot R. , et al. The Value of the World's Ecosystem Services and Natural Capital ［J］. Nature, 1997, 387 (6630): 253 - 260.

［197］Costanza R. , de Groot R. , Sutton P. , et al. Changes in the Global Value of Ecosystem Services ［J］. Global Environmental Change, 2014 (26): 152 - 158.

［198］Cumming G. S. , Barnes G. , Perz S. , et al. An Exploratory Framework for the Empirical Measurement of Resilience ［J］. Ecosystems, 2005, 8 (8): 975 - 987.

［199］D. N. Cole, D. R. Spildie. Hiker, Horse and Llama Trampling Effects on Native Vegetation in Montana, USA ［J］. Journal of Environmental Management, 2012, 53 (1): 61 - 71.

［200］Daily G. C. Nature's Services: Societal Dependence on Natura Ecosystem ［M］. Washington D. C. : Island Press, 1997: 3 - 6.

［201］Dan Sun, Michael J. Liddle. A Survey of Trampling Effects on Vegetation and soil in eight tropical and subtropical sites ［J］. Environmental Management, 1993, 17 (4): 497 - 510.

［202］David N. Cole. Disturbance of Natural Vegetation by Camping: Experimental Applications of Low-level Stress ［J］. Environmental Management, 1995, 19 (3): 484 - 505.

［203］DFID. Sustainable Livelihoods Guidance Sheets ［R］. London: Department for International Development, 1999.

［204］Donald G. Reid, Heather Mair, Wanda George. Community Tourism Planning ［J］. Annals of Tourism Research, 2004, 31 (3): 623 - 639.

［205］Draper J. , Woosnam K. M. , Norman W. C. Tourism Use History: Exploring a New Framework for Understanding Residents' Attitudes toward Tourism. , Journal of Travel Research, 2011, 50 (1): 64 - 77.

［206］Dimitriou E. , I. Zacharias. Identifying Microclimatic, Hydrologic and Land Use Impacts on a Protected Wetland Area by Using Statistical Models and GIS Techniques [J]. Mathematical and Computer Modelling, 2009, 51 (3): 1100 - 1112.

[207] Eigenbrod F., Armsworth P. R., Anderson B. J, Heinemeyer A., Gillings S., Roy D. B., Thomas C. D. and Gaston K J. The Impact of Proxy-Based Methods on Mapping the Distribution of Ecosystem Services. Journal of Applied Ecology, 2010 (47): 377 - 385.

[208] Fang X. N., Zhao W. W., Fu B. J. Landscape Service Capability, Landscape Service Flow and Landscape Service Demand: A New Framework for Landscape Services and Its Use for Landscape Sustainability Assessment [J]. Progress in Physical Geography, 2015, 39 (6): 817 - 836.

[209] Farrell B. H., Twining-Ward L. Reconceptualizing Tourism [J]. Annals of Tourism Research, 2004, 31 (2): 274 - 295.

[210] Ferdouz V. Cochran, Nathaniel A. Brunsell, Aloisio Cabalzar, Pieter-Jan van der Veld, Evaristo Azevedo, Rogelino Alves Azevedo, Roberval Araújo Pedrosa, Levi J. Winegar. Indigenous Ecological Calendars Define Scales for Climate Change and Sustainability Assessments [J]. Sustainability Science, 2016, 11 (1): 44 - 52.

[211] Freitag M., Bciilmann M.. Crafting Trust: the Role of Political Institutions in a Comparative Perspective [J]. Comparative Political Studies 2009, 42 (12): 1537 - 1566.

[212] Fu B. J., Wang S., Su C. H., Forsius M. Linking Ecosystem Processes and Ecosystem Services [J]. Current Opinion in Environmental Sustainability, 2013 (5): 4 - 10.

[213] Gallopín G. C. Linkages between Vulnerability, Resilience, and Adaptive capacity [J]. Global Environmental Change, 2006, 16 (3): 293 - 303.

[214] Garrod B., Wornell R., Youell R. Re-conceptualising Rural Resources as Countryside Capi-tal: The Case of Rural Tourism [J]. Journal of Rural Studies, 2006, 22 (1): 0 - 128.

[215] Gil-Padilla A. M., Tomás F. Strategic Value and Resources and Capa-

bilities of the Information Systems Area and Their Impact on Organizational Perform-
ance in the hotel sector [J] . 2004 (7): 79 – 81.

[216] Giulio Guarini, Gabriel Porcile. Sustainability in a Post-Keynesian
Growth Model for an Open Economy [J]. Ecological Economics, 2016, 126:
14 – 22.

[217] Gonzalez J. A., Montes C., Rodriguez J., et al. Rethinking the Ga-
lapagos Island as a Complex Social-ecological System, Implication and Management
[J]. Ecology and Social, 2008, 13 (2): 13.

[218] Green H., Hunter C., Moore B. Assessing the Environmental Impact of
Tourism Development: Use of the Delphi technique [J]. International Journal of En-
vironmental Studies, 1990, 35 (2): 111 – 120.

[219] Green R. Community Perceptions of Environmental and Social Change
and Tourism Development on the Island of Koh Samui, Thailand [J]. Journal of
Environmental Psychology, 2005, 25 (1): 37 – 56.

[220] Grossman G. M., Krueger A. B. Environmental Impacts of a North
American Free Trade Agreement [M] . Massachusetts: MIT Press, 1991: 1 – 34.

[221] Haywood K. M. Responsible and Responsive Tourism Planning in the
Community [J]. Tourism Management, 1988, 9 (2): 105 – 118.

[222] Héctor San Martín, Angel Herrero, María del Mar García de los Salm-
ones. An Integrative Model of Destination Brand Equity and Tourist Satisfaction. Cur-
rent Issues in Tourism, 2018 (4): 1 – 22.

[223] Heejun Chang, Il-Won Jung, Angela Strecker, Daniel Wise, Martin
Lafrenz, Vivek Shandas, Hamid Moradkhani, Alan Yeakley, Yangdong Pan,
Robert Bean, Gunnar Johnson, Mike Psaris. Water Supply, Demand, and Quality
Indicators for Assessing the Spatial Distribution of Water Resource Vulnerability in
the Columbia River Basin [J]. Atmosphere-Ocean, 2013, 51 (4) .

[224] Holling C. S. Resilience and Stability of Ecological Systems [J]. An-
nual Review of Ecology and Systematics, 1973 (4): 1 – 23.

[225] Hung K., Sirakaya-Turk E., Ingram L. J. Testing the Efficacy of an

Integrative Model for Community Participation [J]. Journal of Travel Research, 2011, 50 (3): 276 –288.

[226] Islam A. , Maitra P. Health Shocks and Consumption Smoothing in Rural Households: Does Microcredit Have A Role to Play? [J]. Journal of Development Economics, 2012, 97 (2): 0 –243.

[227] Ivan Ka Wai Lai, Michael Hitchcock. Local Reactions to Mass Tourism and Community Tourism Development in Macau [J]. Journal of Sustainable Tourism, 2016, 25 (4): 107 –119.

[228] Ivana Blešić, Pivac T. , Igor Stamenković, et al. . Investigation of Visitor Motivation of the Exit Music Festival (The Republic of Serbia) [J]. Revista De Turism Studii Si Cercetari in Turism, 2014 (18): 8 –15.

[229] J. Grainger. Linking Biodiversity Conservation to Community Development in the Middle East Region: A Case Study from the Saint Katherine Protectorate, Southern Sinai [J]. Journal of Arid Environments, 2003 (54): 29 –38.

[230] Janssen M. A. , Ostrom E. Resilience, Vulnerability, and Adaptation: A cross-cutting Theme of the International Human Dimensions Programme on Global Environmental Change [J]. Global Environmental Change, 2006, 16 (3): 237 –239.

[231] Jianguo Wu. Landscape Sustainability Science: Ecosystem Services and Human Well-being in Changing Landscapes [J]. Landscape Ecology, 2013, 28 (6): 215 –232.

[232] Jim C. Y. Massive Tree-planting Failures to Multiple Soil Problems [J]. Arboricultural Journal, 1993, 17 (3): 309 –331.

[233] Jinyang Deng, Shi Qiang, Gordon J. Walker. Assessment on Environmental Impacts of Nature Tourism: A Case Study of Zhangjiajie National Forest Park, China [J]. Journal of Sustainable Tourism, 2003, 11 (6): 529 –548.

[234] José Antonio Rodríguez Martín, Manuel López Arias, José Manuel Grau Corbí. Heavy Metals Contents in Agricultural Top Soils in the Ebro Basin (Spain) [J]. Application of the Multivariate Geostatistical Methods to Study Spatial Variations. Environmental Pollution, 2006, 144 (3): 0 –1012.

[235] Juan Gabriel Brida. Residents'Attitudes and Perceptions towards Cruise Tourism Development: A Case Study of Cartagena de Indias (Colombia) [J]. Tourism and Hospitality Research, 2011, 11 (3): 30 – 37.

[236] Kasperson, J. X., R. E. Kasperson (eds.). Global Environmental Risk [M]. NewYork: United Nations University Press, 2001.

[237] Katherine J. Siegel, Reniel B. Cabral, Jennifer McHenry, et al. Sovereign States in the Caribbean Have Lower Social-ecological Vulnerability to Coral Bleaching than Overseas Territories [J]. Proceedings of the Royal Society B: Biological Sciences, 2019, 286 (1897): 1 – 9.

[238] Kattaa B., Al-Fares W., Charideh A. R. A. Groundwater Vulnerability Assessment for the Banyas Catchment of the Syrian Coastal Area Using GIS and the Riske Method [J]. Journal of Environmental Management, 2010, 91 (5): 1103 – 1110.

[239] Kelkar U., Narula K. K., Sharma V. P., et al. Vulnerability and Adaptation to Climate Variability and Water Stress in Uttarakh and State, India [J]. Global Environmental Change, 2008, 18 (4): 564 – 574.

[240] Komppula R. The Role of Individual Entrepreneurs in the Development of Competitiveness for A Rural Tourism Destination-A Case Study [J]. Tourism Management, 2014, 40 (1): 361 – 371.

[241] Lacitignolaa D., Petrosillob I., Cataldi M. and Zurlini G. Modelling Socio-ecological Tourism-based Systems for Sustainability [J]. Ecological Modelling, 2007 (206): 191 – 204.

[242] Larondelle N., Haase D. Urban Ecosystem Services Assessment along A Rural-urban Gradient: A Cross-analysis of European Cities [J]. EcologicalIndicators, 2013, 29 (6): 179 – 190.

[243] Larry Dwyer, Peter Forsyth, Ray Spurr. Evaluating Tourism's Economic Effects: New and Old Approaches [J]. Tourism Management, 2004, 25 (3): 213 – 225.

[244] Latour B. Postmodern? No, Simply Amodern! Steps Toward an Anthro-

pology of Science [J]. Studies in History and Philosophy of Science, 1990, 21 (1): 145 - 171.

[245] Latour B. Reassembling, the Social: An Introduction to Actor-network-theory [D]. New York:, Oxford University Press, 2005.

[246] LE H., Polonsky M., Arambewela R. Social Inclusion through Cultural Engagement among Ethnic Communities [J]. Journal of Hospitality Marketing and Management, 2015, 24 (4): 375 - 400.

[247] Lee M. J., Kang C. Identification for Difference in Differences with Cross-section and Panel Data [J]. Economics Letters, 2006, 92 (2): 270 - 276.

[248] Li L., Simonovic S. P. System Dynamics Model for prHDIcting Floods from Snowmelt in North American Prairie Watersheds [J]. Hydrological Processes, 2002, 16 (13): 2645 - 2666.

[249] MA (millennium ecosystem assessment). Ecosystems and Human Well-Being. Washington, D. C. : Island Press, 2005.

[250] Mahadevan, Renuka. Going beyond the Economic Impact of a Regional Folk Festival for Tourism: A Case Study of Australia's Woodford Festival [J]. Tourism Economics, 2017, 23 (4): 744 - 755.

[251] Marro A. Janssen, Elinor Ostrom. Resilience, Vulnerability and Adaptation: A Cross-cutting Theme of the International Human Dimensions Programmed on Global Environmental Change [J]. Global Environmental Change, 2006 (16): 237 - 239.

[252] Martínez-Harms M. J., Balvanera P. Methods for Mappin Ecosystem Service Supply: A Review. International Journal of Biodiversity Science [J]. Ecosystem Services and Management, 2012 (8): 17 - 25.

[253] Masetti M., Sterlacchini S., Ballabio C., et al. Influence of Threshold Value in the Use of Statistical Methods for Groundwater Vulnerability Assessment [J]. Science of the Total Environment, 2009, 407 (12): 3836 - 3846.

[254] Mathieson A., Wall G. Tourism: Economic, Physical and Social Impacts [M]. London and New York: Longman Group Limited, 1982: 14 - 28.

[255] Mbaiwa J . E. Wildlife Resource Utilisation at Moremi Game Reserve and Khwai Community Area in the Okavango Delta, Botswana [J]. Journal of Environmental Management, 2005, 77 (2): 144 – 156.

[256] Motelay-Massei A. , Ollivon D. , Garban B. , et al. Distribution and Spatial Trends of PAHs and PCBs Insoils in the Seine River Basin, France [J]. Chemosphere, 2004, 211 (55): 555 – 565.

[257] Mounir Belloumi. The Relationship between Tourism Receipts, Real Effective Exchange Rate and Economic Growth in Tunisia [J]. International Journal of Tourism Research, 2010, 12 (5): 36 – 52.

[258] Murphy P. E. Toutism: A Community Approach Methuen, New York and London [M]. 1985: 155 – 176.

[259] Nam K. , Selin N. E. , Reilly J. M. , Paltsev S. Measuring Welfare Loss Caused by Air Pollution in Europe: A CGE Analysis [J]. Energy Policy, 2010, 38 (9): 1087 – 1101.

[260] Nelson D. R. , Adger W. N. , Brown K. Adaptation to Environmental Change: Contributions of a Resilience Framework [J]. Social Science Electronic Publishing, 2007, 32 (32): 395 – 419.

[261] Nunkoo R. , Gursoy D. Rethinking the Role of Power and Trust in Tourism Planning [J]. Journal of Hospitality Marketing & Management, 2016, 25 (4): 512 – 522.

[262] Nunkoo R. , Ramkissoon H. Developing a Community Tourism [J]. Annals of Tourism Research, 2011, Support 38 (3): 964 – 988.

[263] Nunkoo R. , K. K. F. SO. Residents' Support for Tourism: Testing Alternative Structural Models [J]. Journal of Travel Research 2016, 55 (7): 847 – 861.

[264] O'Neill, Marie S. , Zanobetti A. , Schwartz J. Modifiers of the Temperature and Mortality Association in Seven US Cities [J]. American Journal of Epidemiology, 2003, 157 (12): 1074 – 1082.

[265] Octavio Pérez-Maqueo M. Luisa Martínez, Rosendo Cóscatl Nahuacatl. Is the Protection of Beach and Dune Vegetation Compatible with Tourism? [J].

Tourism Management, 2017, 58: 175 – 183.

[266] Ostrom E. , Gardner R. , Walker J. , et al. Rules, Games, and Common-Pool Resources [M]. Ann Arbor: University of Michigan Press, 1994.

[267] Ostrom E. A Diagnostic Approach for Going Beyond Panaceas [J]. Proceedings of the National Academy of Sciences, 2007, 104 (39): 15181 – 15187.

[268] Ostrom E. A General Framework for Analyzing Sustainability of Social-ecological Systems [J]. Science, 2009, 325 (5939): 419 – 422.

[269] Ouyang Z. , Gursoy D. , Sharma B. Role of Trust, Emotions and Event Attachment on Residents' Attitudes toward Tourism [J]. Tourism Management, 2017 (63): 426 – 438.

[270] Paul Brunt, Paul Courtney. Host Perceptions of Sociocultural Impacts [J]. Annals of Tourism Research, 1999, 26 (3): 115 – 123.

[271] Paul Ehrlich, John Holdren. Impact of Population Growth [J]. Science, 2010, 130 (171): 1212 – 1217.

[272] Paul Glewwe, Gillette Hall. Are Some Groups More Vulnerable to Macroeconomic Shocks than Others? Hypothesis Tests based on Panel Data from Peru [J]. Journal of Development Economics, 1998, 56 (1): 91 – 112.

[273] Petrosillo I. , Zurlini G. , Grato E. , et al. Indicating Fragility of Socio-ecological Tourism-based Systems [J]. Ecological Indicators, 2006, 6 (1): 104 – 113.

[274] Pignatti S. Impact of Tourism on the Mountain Landscape of Central Italy [J]. Landscape & Urban Planning, 1993, 24 (1 - 4): 49 – 53.

[275] Reid C. E. , O' Neill M. S. , Gronlund C. V. , Brines S. J. , Broun D. G. , Diez-Roux A. , Schwartz J. Mapping Community Determinants of Heat Vulnerability [J]. Environmental Health Perspectives, 2009, 117 (11): 1730 – 1736.

[276] Reinhard Bachleitner. Andreas H. zins. Cultural Tourism in Rural Communities: The Residents' Perspective [J]. Journal of Business Research, 1999 (44): 199 – 209.

[277] Rolf Wesche, Andy Drumm, Nicole Ayotte, et al. Defending Our Rainforest : A guide to Community based Ecotourism in the Ecuadorian Amazon [J].

Acción Amazonia, 1999: 215.

[278] Roxby Percy M. Conference on Regional Survey at Newbury [J]. The Geographical Teacher, 1917, 9 (2): 94 –98.

[279] Roxby Percy M. The Scope and Aim of Human Geography [J]. Scott Geographical Magazine, 1930, 46 (5): 276 –290.

[280] Roxby Percy M. The Theory of Natural Regions [J]. The Geographical Teacher, 1926, 13 (5): 376 –382.

[281] S. Mostafa Rasoolimanesh, Mastura Jaafar. Residents' Perceptions towards Tourism Development: A Pre-Development Perspective [J]. Journal of Place Management & Development, 2016, 9 (1): 91 –104.

[282] Salvatore R. , Chiodo E. , Fantini A. Tourism Transition in Peripheral rural Areas: Theories, Issues and Strategies [J]. Annals of Tourism Research, 2018, 68 (1): 41 –51.

[283] Schou P. Polluting Non-renewab le Resources and Growth [J]. Environmental and Resource Economics, 2000, 16 (2): 211 –227.

[284] Sekhar N. U. Integrated Coastal Zone Management in Vietnam: Present Potentials and Future Challenges [J]. Ocean & Coastal Management, 2005, 48 (9 – 10): 813 –827.

[285] Semenza J. C. , Rubin C. H. , Falter K. H. , et al. Heat-Related Deaths during the July 1995 Heat Wave in Chicago [J]. New England Journal of Medicine, 1996, 335 (2): 84 –90.

[286] Seto K. C. , Shepherd J. M. Global Urban Land-use Trends and Climate Impacts [J]. Current Opinion in Environmental Sustainability, 2009, 26 (1): 89 –95.

[287] Settergren C. D. , Cole D. M. Recreation Effects on Soil and Vegetation in the Missouri Ozarks [J]. Journal of Forestry-Washington-, 1970, 68 (4): 231 –233.

[288] Smit B. , Pilifosova O. , Burton I. , et al. Adaptation to Climate Change in the Context of Sustainable Development Equity [M]. New York: Cambridge University Press, 2001.

[289] Starzomski B. M. Navigating Social-ecological Systems: Building Resili-

ence for Complexity and Change [J]. Ecology and Society, 2004, 9 (1): 1.

[290] Stephen M. Turton. Managing Environmental Impacts of Recreation and Tourism in Rainforests of the Wet Tropics of Queensland World Heritage Area [J]. Geographical Research, 2005, 43 (2).

[291] Theodoulidis B., Diaz D., Crotto F., et al. Exploring Corporate Social Responsibility and Financial Performance through Stakeholder Theory in the Tourism industries [J]. Tourism Management, 2017, 62 (5): 173 – 188.

[292] Thurston E., Reader R. J. Reader. Impacts of Experimentally Applied Mountain Biking and Hiking on Vegetation and Soil of a Deciduous Forest [J]. Environmental Management, 2001, 27 (3): 103 – 117.

[293] Tran Van Hoa, Lindsay Turner, Jo Vu. Economic Impact of Chinese tourism on Australia: A New Approach [J]. Tourism Economics, 2018, 24 (6): 32 – 47.

[294] Vaibhav Kaul, Thomas F. Thornton. Resilience and Adaptation to Extremes in a Changing Himalayan Environment [J]. Regional Environmental Change, 2014, 14 (2): 221 – 224.

[295] Ven S. Residents' Participation, Perceived Impacts, and Support for Community-based Ecotourism in Cambodia: a Latent Profile Analysis [J]. Asia Pacific Journal of Tourism Research, 2016, 21 (8): 836 – 861.

[296] Walker B., Salt D. Resilience Thinking: Sustaining Ecosystems and People in a Changing World [M]. London: Island Press, 2006.

[297] Walter C. Challenges in Adaptive Management of Riparian and Coastal ecosystems [J]. Conservation Ecology, 1997, 1 (2): 1 – 24.

[298] Wang F., Zheng H., Wang X. K., et al. Classification of the Relationship between Household Welfare and Ecosystem Reliance in the Miyun Reservoir Watershed, China [J]. Sustainability, 2017, 9 (12): 2290.

[299] Wang S., Fu B. J., Wei Y. P., et al. Ecosystem Services Management: An Integrated Approach [J]. Current Opinion in Environmental Sustainability, 2013, 5 (1): 11 – 15.

[300] Weber B. H. , Depew D. J. , Smith J. D. Entropy Information and Evolution: New Perspectives on Physical and Biological Evolution [M]. MIT Press, Cambridge, MA, 1988: 369 – 374.

[301] Wesche R. , A. Drumm. Defending the Rainforest, Accession Amazonia Quito, Ecuador, 1999: 369 – 374.

[302] Woo, Eunju, Kim, et al. Life Satisfaction and Support for Tourism Development [J]. Annals of Tourism Research, 2018 (50): 84 – 97.

[303] Wright C. S. , Agee J. K. Fire and Vegtation History in the Eastern Cascsde Mountains, Washington [J]. Ecological Applications, 2004, 14 (2): 443 – 459.

[304] Xiaoming (Rose) Liu, Jun (Justin) Li. Host Perceptions of Tourism Impact and Stage of Destination Development in a Developing Country [J]. Sustainability, 2018, 10 (7): 15.

[305] Xie P. F. Developing Industrial Heritage Tourism: A Case Study of the Proposed Jeep Museum in Toledo, Ohio [J]. Tourism Management, 2006, 27 (6): 1321 – 1330

[306] Yang W. , Dietz T. , Kramer D. B. , et al. Going beyond the Millennium Ecosystem Assessment: An Index System of Human Dependence on Ecosystem Services [J]. Plos One, 2013, 8 (5): e64581.

[307] Yang W. , Mc Kinnon M. C. Turner WR. Quantifying Human Well-being for Sustainability Research and Policy [J]. Ecosystem Health and Sustainability, 2015, 1 (4): 1 – 13.

[308] Ying T. Y. , Zhou Y. G. Community, Governments and External Capitals in China's Rural Cultural Tourism: A Comparative Study of Two Adjacent Villages [J]. Tourism Management, 2007, 28 (1): 96 – 107.